# 逆转思维

宋犀堃

编著

成都地图出版社

图书在版编目（CIP）数据

逆转思维／宋犀堃编著. -- 成都：成都地图出版
社有限公司，2019.6（2021.9重印）
　ISBN 978-7-5557-1221-3

　Ⅰ. ①逆… Ⅱ. ①宋… Ⅲ. ①思维方法 – 通俗读物
Ⅳ. ①B804-49

中国版本图书馆 CIP 数据核字（2019）第 126026 号

# 逆转思维
NIZHUAN SIWEI

编　　著：宋犀堃
责任编辑：魏玲玲
封面设计：松　雪
出版发行：成都地图出版社有限公司
地　　址：成都市龙泉驿区建设路2号
邮政编码：610100
电　　话：028-84884648　028-84884826（营销部）
传　　真：028-84884820
印　　刷：三河市泰丰印刷装订有限公司
开　　本：880mm×1270mm　1/32
印　　张：6
字　　数：136 千字
版　　次：2019 年 6 月第 1 版
印　　次：2021 年 9 月第 6 次印刷
定　　价：35.00 元
书　　号：ISBN 978-7-5557-1221-3

# 前　言

　　逆转思维也叫逆向思维，它是对司空见惯的似乎已成定论的事物或观点反过来思考的一种思维方式。它敢于"反其道而思之"，让思维向对立面的方向发展，从问题的相反面深入地进行探索，树立新思想，创立新形象。

　　人们习惯于沿着事物发展的正方向去思考问题并寻求解决办法。当大家都朝着一个固定的思维方向思考问题时，而你却独自朝相反的方向思索，这样的思维方式就叫逆转思维。其实，对于某些问题，尤其是一些特殊问题，从结论往回推，倒过来思考，从求解回到已知条件，反过去想或许会使问题简单化。

　　例如，有人落水，常规的思维模式是"救人离水"，而司马光面对紧急险情，运用了逆转思维，果断地用石头把缸砸破——"让水离人"，救了小伙伴的性命。

　　与常规思维不同，逆转思维是反过来思考问题，是用绝大多数人没有想到的思维方式去思考问题。运用逆转思维去思考和处理问题，实际上就是以"出奇"去达到"制胜"。因此，逆转思维的结果常常会令人大吃一惊、喜出望外，别有所得。

我们可以总结出逆转思维的几大优势：

逆转思维优势一：在日常生活中，常规思维难以解决的问题，通过逆转思维却可能轻松破解。

逆转思维优势二：逆转思维会使你独辟蹊径，在别人没有注意到的地方有所发现，有所建树，从而制胜于出人意料。

逆转思维优势三：逆转思维会使你在多种解决问题的方法中获得最佳方法和途径。

逆转思维优势四：生活中自觉运用逆转思维，会将复杂问题简单化，从而使办事效率和效果成倍提高。

逆转思维优势五：逆转思维擅长运用在各个投资领域，包括房地产、股票等。

逆转思维最宝贵的价值，是它对人们认识的挑战，是对事物认识的不断深化，并且由此而产生"原子弹爆炸"般的威力。我们应当自觉地运用逆转思维方法，创造更多的奇迹。

2019 年 4 月

# 目　录

## CONTENTS

**第一章　神奇的"两面神"：正向思维与逆向思维**

先从正向思维说起／002

逆向思维：两面神的另一面／005

逆向思维闪烁着哲学智慧的光芒／010

逆向思维的实现途径／015

**第二章　万事万物皆可逆：逆向思维的多样形式**

颠来倒去，把思维过程反过来／026

欲正先反，运用相反的手段和方法／034

以险求安，置之死地而后生／043

以拙胜巧，大愚中体现大智／048

以毒攻毒，以彼之道还施彼身／056

以退为进，退一步是为了进两步／064

有无相生，虚实真假常变换／071


第三章　换个角度换种心态：逆向思维能带来快乐

得与失的辩证法／080

换个眼光看自己／089

换个心态，凡事多往好处想 ／ 095

换种思维，感谢你的敌人 ／ 101

**第四章　斩断纠缠的死结：逆向思维能化解难题**

转换方式，化解求人办事中的难题 ／ 116

独辟蹊径，化解市场开拓中的难题 ／ 127

标新立异，化解广告宣传中的难题 ／ 135

以低求高，化解求职就业中的难题 ／ 141

以屈求伸，化解职业生涯中的难题 ／ 149

**第五章  打破思维的定式：运用逆向思维的关键**

克服惯性，跨越常规的樊篱／158

放弃经验，已知的东西会妨碍你前进／161

拒绝盲从，避免随大流／165

敢于挑战，在心理上打破自我设限／169

# ◇ 逆向思维，给自己一个好心情 ◇

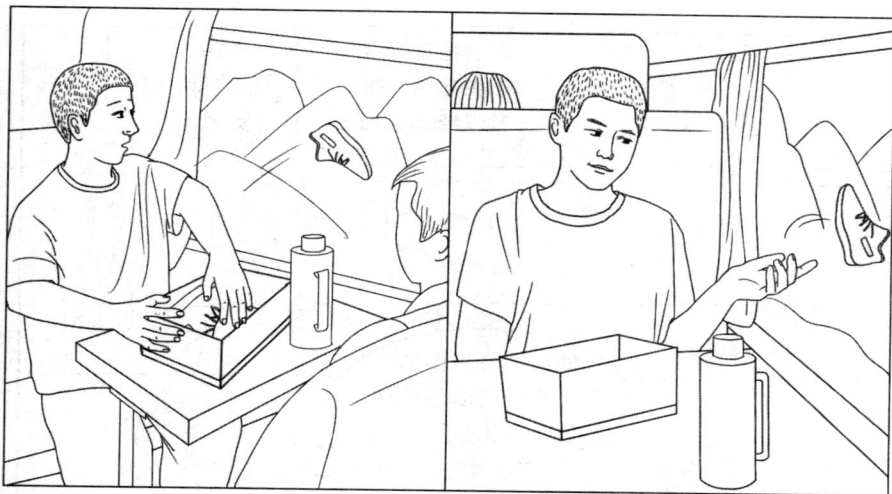

您为什么要把另外一只鞋也扔掉呢？我看您很喜欢这双鞋，这样您等于就白买了。

不管多么喜欢，鞋子只剩一只时我也没法再穿了，还不如扔出去，如果有缘人同时捡到，说不定他还可以穿呢！

# ◇ 欲正先反，运用相反的手段和方法 ◇

# ◇ 有无相生，虚实真假常变换 ◇

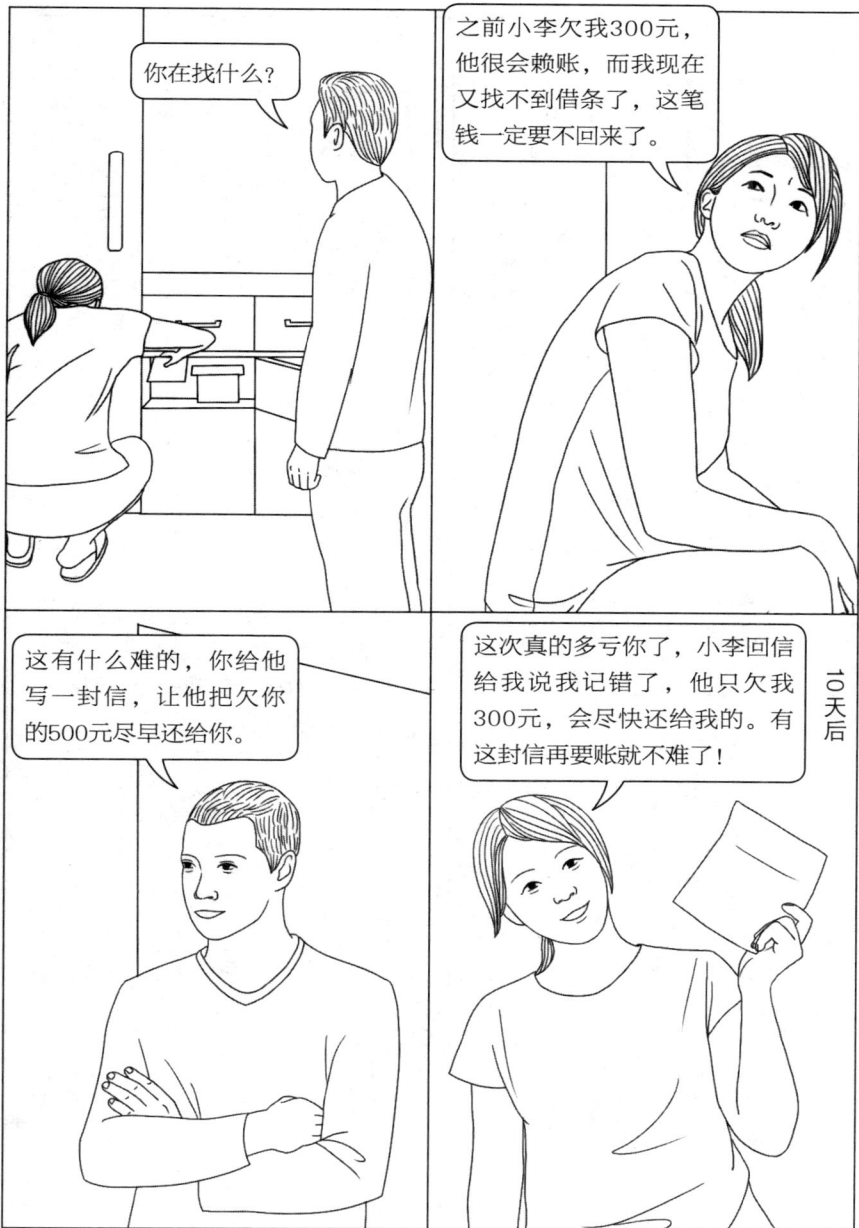

# ◇ 以拙胜巧，大愚中体现大智 ◇

## ◇ 颠来倒去，把思维过程反过来 ◇

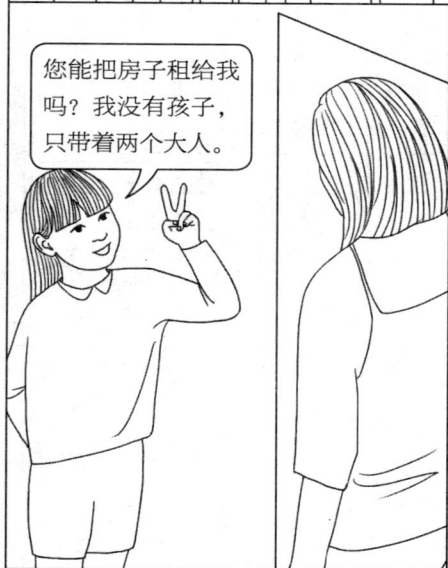

# ◇ 换个角度思考，你会更轻松 ◇

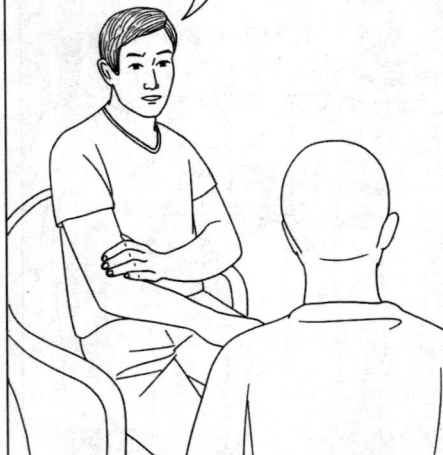

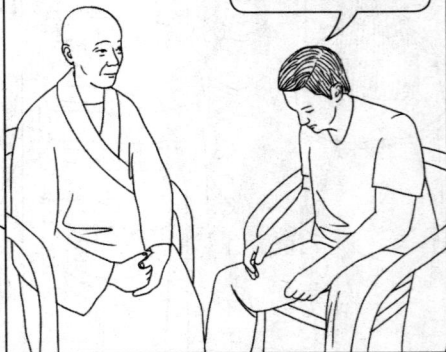

# ◇ 以退为进，退一步是为了进两步 ◇

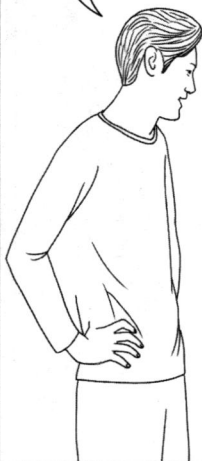

# ◇ 独辟蹊径，化解市场开拓中的难题 ◇

# ◇ 以毒攻毒，以彼之道还施彼身 ◇

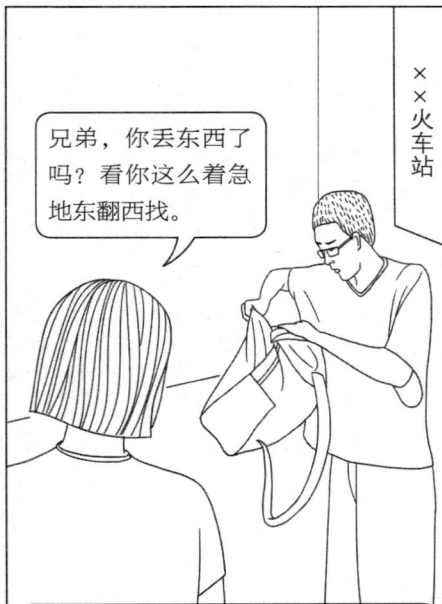

# 第一章

# 神奇的"两面神":正向思维与逆向思维

︾

努雅斯是古罗马门神的名字。努雅斯
有两张面孔,就像扑克牌里的 J,可以同时
注视两个不同的方向,所以又被称为两面
神。同样,人类的思维具有方向性,存在
着正向与反向之差异,由此产生了正向思维
与逆向思维两种形式。

## 先从正向思维说起

正向思维是一种常规思维。它指的是人们在思考问题时，顺着某种"常见""共识"去思考，或者是顺着客观事物本身所具有的某种顺序去思考。"常见""共识"可能是"人同此心，心同此理"中的一种"理"，也可能是"人之常情"中的一种"情"，还可能是"约定俗成"中的某种"准绳"，或"明文规定"中的某种"规范"；客观事物本身的某种顺序可以是时间上的顺序、空间上的顺序、位置上的顺序、性质上的顺序。例如从早想到晚，从前想到后，从小想到大，从上想到下，从左想到右，从高想到低，从长想到短，从软想到硬，从冷想到热……所以如果是使用常规思维的方式思考问题，那么其思想就会顺理成章、水到渠成地获得，因此正向思维是人们天天都在使用的思维方式，并不新奇。

例如，在美国，犯罪率不断升高，治安状况日益恶化。解决这个问题的方法之一是增加警察和治安人员的数量，但是因此增加的费用，却让政府难以负担。于是有人提出："能不能让所有的人都成为治安人员，而又不增加政府的开支呢？"正是沿着正向思维的思路，思维学家德波诺提出了"近邻监视"的新概念，就是让每一个公民都成为警察的耳目和助手，随时发现和防止邻居中的违法犯罪行为。据说，美国有两万多个社区采用了"近邻监视"的方法，大大降低了犯罪率，改善了治安环境。

正向思维是对事物的过去、现在做了充分分析，对事物的发展规律做了充分了解的基础上，推知事物的未知部分，提出解决方案。因而它又是一种较深刻的方法，是一种不可忽视的领导工作、科学研究的方法。例如，在工作中，领导者想了解某一具体问题，对其提出合理解决方案时，此方法较为有效。大家知道，大量的汽车阻塞、交通事故、环境污染等问题日益困扰着发达国家，尤其是1994年法国农民罢工，不再以传统的示威游行方式进行，而是开车游行，并把车停放在交通要道，让车"静坐"，由此演变出新的社会问题。而要解决此问题，领导者可以增加警力，进行疏通；也可以增修高速公路立交桥，以保畅流；可以限制车辆上路时间等。但这终究是治标不治本，要想真正解决，就得思考从汽车引入家庭至今，它给人们生活、环境、社会发展、安全等带来了哪些方便与不便，还将继续向何方向发展，即从家庭拥有汽车这件事情本身的产生、发展过程入手，寻求解决办法。目前，关于解决私人汽车增多所带来的社会问题，在很多国家已基本达成共识：发展公交事业，提倡公民出入乘坐公共交通。这是根本的解决办法。

具体来说，正向思维具有以下几个特征：

## 1. 容易找到思维的切入点

因为人们思考问题过程中的"常见""共识"，或涉及的客观顺序，都是自己再熟悉不过的，不用多想，更无须绞尽脑汁地冥思苦想，很快就能找到思考的切入点。

## 2. 高效率

按正向思维的思路思考问题，思考起来效率较高。因为有现成的思维轨道可循，无须花时间精力去慢慢试探摸索，轻车熟路，自然能省时省力、高效率。

## 3. 无沟通障碍

大家在所思考的问题上都是按正向的思路思考，所以就不存在或很少存在思路上的差异，更不会与他人发生碰撞或冲突，彼此交流起来自然也就比较容易互相理解，无沟通障碍。

因此，人们解决问题时，习惯于按照熟悉的、常规的思维路径去思考，即采用正向思维去找到解决问题的方法。然而，实践中也有很多事例，对某些问题利用正向思维却不易找到正确答案，特别是碰上需要有所突破、有所创新的高难度问题，仅靠运用正向思维，往往会束手无策。在这时，就需要运用我们下面即将谈到的逆向思维了。

# 逆向思维：两面神的另一面

努雅斯是古罗马门神的名字。努雅斯有两张面孔，就像扑克牌里的 J，可以同时注视两个不同的方向，所以又被称为两面神。

双向性是事物的普遍特性：前后、左右、东西、南北、正反、进退、过去未来、向心离心……从两个不同的角度、不同的方向去认识事物，能更全面、准确地把握事物的本质。这便是两面神给人们的启示。而逆向思维，则正是两面神的另一面。

逆向思维是一种逆转正向思维也就是突破常规思维的思维方式，是用与常规思维相矛盾或相反的思维视角思考问题。逆向"逆"的是"一般人思考的方向"。

一般来说，人们习惯于顺着事物发展的方向去思考问题和解决问题，这就是我们前面说的正向思维，也可以叫作顺向思维。顺向思维符合常理、常规、常情，有利于人与人之间的理解和沟通，因此，比较容易形成共识。顺向思维遵循事物发展的一般顺序，比如说：从上到下、从左到右、从近到远、从前到后等等。 因此，很容易被大多数人所掌握，并且很快形成思路。 由于人们在日常生活中的学习、工作大多数处在常规问题的情境中，因此，每解决一次问题，那种特定的思维模式、方法、思路就在我们的大脑中烙印了一次。 随着一次一次的重复，这种特定的思维过程和特点就成为习惯而被固定下来，以至于以后任何事物出现时，人们都首先自觉或不自觉地沿袭着先前的思维习惯思考。 所以，我们把顺向思维又称作习惯性思维或常规思维。

顺向思维有其积极的一面，也有其消极的一面。 如果我们面临的是常规性的问题，那么顺向思维可以让我们很快地形成思路，提高我们的思考效率，节省时间，使问题得以解决。

比如下棋，对方"当头炮"，你就"马来跳"，用不着多考虑，一般是不会出错的。 但是，如果客观事物的发展有了变化，或者我们面临新的事物、新的问题的时候，顺向思维就往往把人的思路固定在既有的轨道之中，堵塞了人的思路，阻碍了人们的创造活力，使问题难以得到顺利的解决。 从这个意义上来说，顺向思维又很不可取。

与顺向思维对应的是逆向思维，或者称作反向思维，这是一种重要的创造性思维方法。 它能使我们注意到顺向思维想不到的或者是被忽略的问题，进而产生新的突破，获得新的创造，从而使问题得到意外的解决。 "司马光破缸救人"早已传为佳话，脍炙人口，这是典型的逆向思维的案例。 按照通常的想法，人掉进水里以后，人们采取的办法就是把它从水里捞出来，也就是"让人脱离水"，这是符合常规的思维。 但是，对于年仅十岁的司马光来说，要把另一个掉进水缸里的小孩子抱出水面，既不现实也不可能。也就是说，常规的方法只能使他陷入困境。司马光的聪慧之处就在于没有按照常规的方法，而是从相反的方向开辟出一条思路，也就是"让水脱离人"。他打破了水缸放水，从而顺利地把水缸里的小孩子抢救了出来。事实上，有许多问题用顺向思维无法解决的时候，要攻克这个难题，摆脱困境的最好、最有效的方法就是把我们的思路反转一下。在解决问题的过程中，充分利用已有的全部信息和条件，人的思维朝相反的方向发散，寻求问题解决的办法，这就叫逆向思维。

美国科学家奥斯本在创造性思维的技法中提出了一条共同的基本要求和基本做法，那就是，见到大的东西就颠倒过来想一想：把它变成小的会怎么样？见到朝里的东西就倒过来想一想：把它变成向外的东西会怎么样？见到实心的东西就倒过来想一想：把它变成空心的东西会怎么样……这样"想一想"获得突破的实例，还真是不少。

清朝著名学者纪晓岚在他的《阅微草堂笔记》中讲了这样一个故事：沧州城南，有一座靠近河岸的寺庙，山门倒塌，一对石雕的神兽也随之滚到河里去了。过了十几年，寺庙准备重修山门，需要把那一对石兽打捞起来，但河流很长，到哪里去寻找呢？按照一般人的看法，石兽必然在下游。但一老河工却不同意这种看法，他认为"凡河中失石，当求之于上流"，认为石兽应到河上游去找，他说："石兽是坚固沉重的，河沙是稀松轻浮的，流水的力量不能一下子把石头冲动，但是被石头挡回来的水的力量必定在面对流水的石头下边，把河沙冲开，形成一个窟窿，越冲窟窿越大，这个石头下边的窟窿扩大到中部，石头不能再保持平衡，必定倒转到窟窿里去。流水再冲击河沙，到一定时间石头再倒转一次，如此不断地倒转，这个石兽就逆着流水跑到上游去了。"人们按着老河工的话去寻找，果然在上游几里远的地方把那对石兽找到了。

科学史上，得益于反向思维的发明发现更是数不胜数。英国物理学家戴维根据化学能可以转换为电能的原理，倒过来想一想，从而发现了电能也可以转化为化学能。发明家爱迪生发现声音能使音膜振动，倒过来想一想，使声膜振动产生原声，最终发明了能说话的机器——留声机。英国物理学家法拉第根据电能产生磁场的原理，倒过来想一想，最终发现了磁场也可以产生电能。意大利物理学家伽利略注意到水的温度变化会影响水的体积的变化，倒过来想一想，由水的体积变化就推测出了水的温度变化，最终设计出了最早的温度计。科学家们发现了各种元素都有自己独特的光谱以后，倒过来想一想：能不能探测到某种光谱就能确定相关的元素的存在？在这种思路的引导下，我们就可以用光谱分析法来判断宇宙某个神秘星球的物质元素了。

在战争中，有时也需要将问题"倒过来思考"。例如古代有的军事将领，他们在得到军师们拟订的作战方案后，往往会在临战时将其"倒过来打"。因为他们认为，按照一般军事思想制定出来的作战方案去打，对方也能想到，也就自然会对这种打法严加防范。所以，要"出其不意""攻其不备"，便需要"反其道而行之"。军事史上著名的"减兵增灶"就是对"增兵减灶"的视角反向。在文学史上，把习惯的东西陌生化，和把不习惯不熟悉的东西变成习惯的东西也是著名的视角反转。 反向求索是一种阻力最大的视角转换方法，但也是出奇制胜、屡建奇功的视角转换方法。

　　当然，逆向思维不是人头脑的凭空想象或人为杜撰，而是有其客观依据的。 首先，事物之间的顺序关系都是相对的，"顺"与"逆"往往取决于思维者所处的位置。 例如大会主席台前排就座的顺序，既可以从左向右排列，也可以从右向左排列，当然，也可以从中间往两边排列。 其次，事物之间的对立关系往往是可以相互转化的，否极泰来，泰极生否。 物理能可以转化为化学能，化学能也可以转化为物理能；朋友可以相煎为仇，仇人也可以化敌为友。 第三，还有不少事物在相反的极端条件下可以产生相同的结果。 例如吃太饱和饿太狠都容易伤人；人太弱和人太强都难与人沟通；光太强或光太弱都会使人"伤眼"；水过浊和水过清都无鱼等等。 以上种种规律佐证了逆向思维存在的必然性和客观性。

## 逆向思维闪烁着哲学智慧的光芒

　　逆向思维，简言之，就是利用事物对立面进行思维的方法，充满了辩证思想和哲学智慧。从辩证逻辑的角度理解，任何事物都有正反两面，矛盾的对立统一是逆向思维的理论基础。

　　早在公元前的古希腊哲学家阿那克西曼德（约前610—前545年）就研究过对立面的共存以及相互依赖的现象。阿那克西曼德被看作是世界上第一位哲学家，被认为是历史上第一个用理性和辩证的方法考察世界的人。他认为世界是由对立面构成的，如地和天、暖和冷，而且在他所看见的对立面中间存在着动态的相互作用和相互依赖。

　　后来，同为古希腊哲学家的赫拉克利特（约公元前540年—前470年）称，凡是没有认识到这种对立面现象以及对立面之间相互联系的人简直是没有接触现实，而且他们对世界的看法也是错误的。他认为只有通过了解对立面以及它们之间的相互作用，人们才能对这个世界如何运转有一定的认识，因为这个看似混沌无序的世界背后隐藏着由对立面所驱动的逻辑性；对立面的冲突造成变化，一个方向的变化会自动引起对立方向的反变化，从而造成一种新的平衡，一种不稳定的、会导致进一步变化的平衡。 他解释道，对立面的关系说明一个事实，即万物总在变化中，唯一永恒的东西是变化本身。

几千年来，对对立面的关注也是东方思想的一部分，直到今天，它们成为人们日常思维中的一个基本结构。 东方思想把对立面视为是无处不在的，而且是内在互补的。 它体现在阴阳概念中，从字面上讲，指山丘的阴暗面和阳光面。 阴阳概念在公元前 4 世纪中国文献中首先被提到，概括地讲是指这样一种观点，即万物来自于对立面，对立面可以从所存在的万物中找到，它们存在于一种和谐的动态平衡之中。

古代的八卦图中的阴阳鱼就很好地解释了对立面是如何以完美的伙伴关系融洽地依偎在一起的。 圆圈代表着由对立面所组成的世界。 阴和阳呈对立颜色，但是，黑色部分包含着一个白色点，白色部分包含了一个黑色点。 随着时间的推移，白色点变得更大，直到占据原来黑色的全部空间，只留下一个黑点。 同一过程以相反方式同时在圆圈的另一部分进行。 当这种变化完成后，一切将返回到起初状态，只是黑白改变了位置。 这个过程又重新开始，而且将会永远地继续下去。 阴阳转变过程意在说明世界既在变化，也没有变化；对立面彼此互补，每个对立面包含着对方的种子。

东方的这种关于对立面和变化的观点在传统上是温和且和谐的。 如中国的阴阳相生的说法，有为即无为，祸即福、福亦祸的看法，都是从对立面互相转化、互为依赖的角度上说的。

例如老子在《道德经》中提出："有无相生，难易相成，长短相形，高下相倾，音声相和，前后相随。"意思是说，世界上的事物是有无相互生成，难易相互对应，长短相互存在，高下相互显现，音声相互和谐，前后相互随从。离开一方，另一方则不能孤立存在，这是事物发展的辩证法。

因为任何事物都是由矛盾的两个方面构成的，双方既依存又矛盾，推动着事物的前进。老子不仅考虑到了正向也考虑到了逆向，网开一面，扩大了思维空间。例如，在多与少的问题上，他说："少则得，多则惑。"在高与下的关系上，他说："高以下为基。"在贵与贱的关系上，他说："贵以贱为本。"在大与小的关系上，他说："为大于其细。"在强与弱的关系上，他说："弱之胜强。"他还说，讲美的时候，丑就跟上来了，有美就有丑，美与丑相关联，彼此不分离。

老子为什么这样观察问题呢？他说："反者，道之动，弱者，道之用。"反即返回的意思，是指事物会向相反的方向运动，即矛盾的转化和事物的发展；弱指的是矛盾的对立面，矛盾的对立面存在着推动事物前进的潜在动力。逆向思维着眼的是事物的对立面。

关于逆向思维，我们还可以从"正言若反"四个字中得到启示。"正言若反"出自《道德经》第七十八章，意思是说一个正确的道理常常和普通人的常识相反，使人一时难以接受。事实正是如此，千百年来，人们看到的是太阳朝出暮落，大地静止不动，太阳绕着地球转，这是普通人的常识。哥白尼提出地球绕着太阳转，一时被人们视为异端邪说，然而科学已经证明，"日心说"是正确的。

从中我们可以看出，逆向思维具有非定式性、相对性和转化性三种特性。

### 1. 非定式性

式是指人们进行思维的态势、趋势，非定式是指思维不是沿着固定的方向进行，不受潜意识的暗示，具有明显的非逻辑性。

例如，野生动物园的创建，其创意就是思维非定式性的运用。据说，美国一家动物园园长深为老虎的数量日益减少而发愁，他召开了一个座谈会，专题讨论如何捕捉老虎的问题。参加讨论会的，不仅有动物学家、捕猎专家，而且还有数学家。会上大家各抒己见、畅所欲言，提出了各种捕捉老虎的方案。一位拓扑学家边听边画，他突然发言道："现在老虎已经在我的圈子里了。"原来，这位数学家运用逆向思维方式进行了一次拓扑图形的变换，即人与老虎的位置实行对调，老虎不是关在铁笼子里而是自由地生活在开放的自然环境里，而人是坐在汽车里观赏动物。动物园园长是位有心人，采纳了拓扑学家的建议，于是世界第一个野生动物园诞生了。

### 2. 相对性

按照辩证法的观点看，事物之间是互为条件、互相依存，具有相对性的，事物之间的关系所谓"正向"与"逆向"也都是相对的。从一个角度去看，甲事物与乙事物可能是一种"正向"的关系；从另一个角度看，他们之间又可能是一种

"逆向"的关系。 比如一些人按高矮顺序站成一排，从这一头看，是"正向"的关系，是由高到低，一个比一个矮；从另一头看，则又是"逆向"的关系，由低到高，是一个比一个高。 同理逆向思维与正向思维也具有相对性。

3. 转化性

从辩证法的角度看，任何对立面的事物在特定条件下都可以相互转化。 例如电能生磁，磁也能生电；化学能可以转化为电能，电能也可以转化为化学能；说话声音的变化在一定条件下能引起金属片产生相应的颤动，倒过来，金属薄片的颤动在一定条件下也能引起说话声音发生相应的变化。 从逆向求索的角度，下列每一对方法之间都可以相互转化：细化与粗化、清化与浊化、纯化与杂化、简化与繁化、同化与异化、熟悉与陌生、内化与外化、深化与泛化、硬化与软化、对称与破缺、扩大与缩小、增高与降低、加重与减轻、分割与组合、移出与植入、前进与后退、进化与退化……那么，逆向思维与正向思维也具有转化性。

# 逆向思维的实现途径

其实，逆向思维并不复杂，它只是让你换个角度，针对某一问题从相反的方向去进行思考。 那么从哪些途径来实现呢？

1. 结构逆向

结构逆向是从某一事物的相反结构去设计解决问题的方式，往往会出新设想。 例如，船载石和石载船的故事，讲述的是日本大正十一年，丰臣秀吉平定了天下，修大阪城要用巨石做材料。 巨石在海岛上要东运到大阪，但石头太大，船偏小，一抬到船上，船就沉了。 结果有人提出石载船的逆向思维办法，用水对石头的浮力，把石头运走，本来是船载石变成了石载船。 再如古代兵器中的矛和盾的设想也是结构逆向。

2. 功能逆向

功能逆向是从某一事物相反的功能上去寻找解决问题

的新思路，即考虑问题时不妨从反面功能中找办法。如圆珠笔很好用，但有漏油的缺点，解决漏油，大多数人是从常规思考，分析圆珠笔漏油的原因。漏油原因很简单，是笔珠因磨损而跳出，于是想了很多办法，如用耐磨的笔头，但是新问题又出现了，接头处因耐磨笔头的磨损而漏油。1950 年，日本发明家中田藤三打破常规，利用逆向思维，研究漏油问题而不是防漏油问题。他认为，既然写到 20000 字就漏油，那干脆油墨就灌到少于 20000 字的量，在笔头磨损前就让油墨用完，这样就不漏油。多少人研究了多年没解决的问题，把思路这么一逆，就轻松解决了。

一烟草公司，派推销员赴美推销香烟，正逢美国戒烟月加阴雨天气，香烟推销广告也不让登。正当急得团团转之际，忽然看到房间里"禁止吸烟"的标语，于是他灵机一动，想出了"逆不求顺"的促销高招，跑到当地一家有影响的报社登了三天如下广告："禁止吸烟，就连××牌香烟也不例外"，结果引起当地居民的极大兴趣，纷纷一试，于是他带来的香烟很快被中间商抢购一空。

### 3. 因果逆向

因果逆向是通过转变事物的因果关系，即倒转事物的因果关系，倒果为因，倒因为果，以获得逆向思维的新创意。

从前，有一个农夫在死之前，留下一些牛要分给自己的亲属。这位农夫在遗嘱中写道：他的妻子可以分到全部牛的一半再加上半头牛；他的大儿子可以分到剩下的牛的半数再加上半头，所得的牛是他的妻子所得牛的一半；他的第二个儿子可以分到剩下来的牛的半数再加上半头，所得的牛是长子得到牛头数的一半；他女儿可以分到最后剩下来的牛的半数再加上半头，所得的牛是第二个儿子的牛头数的一半。这样一来，一头牛也没有杀，正好全部分完。问题是，农夫在死的时候一共留下了多少牛？

这个问题看起来比较复杂，人们通常在解决这个问题的时候采取假设法。比如说，假设农夫死的时候留下了 20 头牛，要按照遗嘱中对妻子、长子、次子和女儿所分配的数额，逐一进行检查和核对，看是否完全相符。如果全部分对了，做出的假设便是问题的正确结论；如果不相符，那就要另做假设，然后再逐一去检测核对。

用这种思路来思考和解答这道题目当然是可以的，但要浪费很多的时间和精力，效率非常低，的确是一个比较笨拙的办法。比较起来，解方程的方法更好一些，但是，也需要列出很长的方程式，也是非常烦琐和复杂的。

于是，有人就想到了一个非常简洁的办法，思路是倒过来想一想：女儿所得到的牛的头数，是最后剩下来的牛的半数加上半头，结果一头牛也没有杀掉。既然说女儿得到的是剩下来的牛的半数加上半头，那么女儿得到的牛是多少，这个问题十分明显，只能是 1 头牛。沿着这个思路想下去：女儿得到的牛是第二个儿子的一半，那么，第二个儿子得到的牛应当是 2 头。第二个儿子得到的牛是长子的一半，那么，长子的牛就应该是次子的牛的 2 倍，也就是 4 头。 长子的牛是妻子的一半，那么妻子得到的牛应是长子的牛的 2 倍，也就是 8 头。然后把这四个人所得到的牛数加在一起：1 + 2 + 4 + 8 = 15。这就是农夫所留下来的牛的总数。

对具有因果关系的事物，采取由因求果的逆向思维策略，往往能够寻找到被隐蔽的思维切入口。 当我们用常规思维无法排除各种干扰因素时，从作为结果的事物乙出发，倒回去思考作为原因的事物甲，以及其间演变的过程和规律，往往能更便捷地解决问题。


4. 作用逆向

任何事物都能起各种各样的作用。 就一个事物对另一事物来说，既可以起正作用，也可以起反作用。 就事物对人的利害关系来说，既有有利作用，也有不利作用。 人通过采取一定的措施就能够改变事物所起的作用。 作用逆向是指通过采取一定措施，使事物因其性质、特点的改变而起到同原本相反的作用，从而在创新思维活动中，寻找新的线索，新的方法。

格德约是加拿大一家公司的职员。 一天，他不小心碰翻一个瓶子，瓶子里装的液体泼在了一份正待复印的重要文件上。 格德约着急起来，怕文件上被污染的文字看不清了！ 他拿起文件来仔细察看，出乎意料，文件上被液体污染的部分，其字迹依然清晰可见。 但当他拿去复印时，发现复印出来的文件，被液体污染过的部分，变成了一块块漆黑的黑斑。 在他为如何消除文件上的黑斑绞尽脑汁却又一筹莫展的反复思考过程中，他头脑里突然冒出了一个针对"液体"和"黑斑"的反向念头：自从有了复印机以来，人们不是常在为怎样防止文件被盗印的事烦恼吗？ 是不是可以用这种"液体"，颠倒其不利作用为有利作用，研制出防盗印文件的液体呢？ 他立志从事这方面的研究。 经过一段时间的努力，最后推向市场的不是一种液体，而是一种深红色的防影印纸。 这种纸能吸收复印机里的灯光，使复印出来的文件一片漆黑，什么也看不清，因而用这种纸书写的文件是不能复印的。 但是用这种纸写字或打印，却不受任何影响。

## 5. 方式逆向

方式逆向是指在创新思维过程中，就事物起作用的方式从相反的方向思索，从而引出新设想的思维方法。

火箭本来是以"往上发射"的方式起作用，原苏联工程师米海依尔却通过逆向思维，终于在 1968 年设计、研制成功了"往下发射"的钻井火箭。 后来他在此基础上与人合作，又研制出了穿冰层火箭、穿岩石火箭等。 人们把这些向下发射的火箭统称为钻地火箭。 这些钻地火箭的重量，只有一般起同样作用的钻地机械重量的十七分之一，能耗可减少三分之二，效率能提高 6 倍。 科技界把钻地火箭的发明视为引起一场"穿地手段"的革命。

空气动力学帮助莱特兄弟发明了飞机，也使汽车设计师们为减少空气阻力而一味追求流线型车身，而意大利著名汽车设计师朱贾罗想到的却是其反面。 他认为，当时交通拥挤，汽车常以 30～40 公里时速行驶，空气阻力已没有多少考虑的价值，因此没有必要为追求流线型车身而增加成本，且造成车身低矮而使乘客必须弯腰爬入车厢。 这一逆反思维导致他设计的卡普苏拉型轿车问世，并立即受到欢迎。他还逆当时追求豪华长车身的倾向而行，认为即使车身加长 10 厘米，气派并无显著增加，却会使意大利 2000 万辆汽车多占公路上的 2000 公里的空间，从而加剧交通堵塞。 基于这一思想，他设计的短车身的菲亚特乌诺型轿车，获得了 1984 年最佳汽车称号。

法国微生物学家巴斯德通过研究和实验，证实了细菌可以在高温下被杀死，食物可以煮沸以后保存。 英国科学家汤姆逊倒过来思考，推想细菌也可能在低温下杀死或使其停止活动，食物也可以通过冷却过程加以保存。 深入研究后，汤姆逊发明了冷藏新工艺。

原来的破冰船起作用的方式都是由上向下压，后来科学家倒过来想，研制出了潜水破冰船。 这种破冰船将"由上向下压"改为"从下向上顶"，既提高了破冰效率，又减少了动力消耗。


6. 位置逆向

两个或两个以上的事物之间在空间上总保持一定的位置关系，交换了所处的位置，看问题的角度也就转换了，得出的结论就会不同。 位置逆向是一种通过颠倒事物的位置关系，从而形成新的想法，产生新设想的思维方法。

国外有的城市规定，肇事伤人的汽车司机，必须到医院去当护士，负责照顾被他所压伤或撞伤的伤员。 这些城市做出这一规定的目的在于，让司机变换和颠倒一下自己所处的"位置"，通过照顾伤员，更深切地体会被汽车压伤或撞伤的痛苦，以便更好地从自身总结经验教训，防止今后再发生汽车肇事事故。

英国的蒙哥马利将军在第二次世界大战中，每当战斗开始，他总是要把敌军统帅的照片放在自己的办公桌上。 他说，他看着对手的照片就会经常问自己：如果我处在他的位置上，现在我会做什么？ 他认为，这对他做到知己知彼大有好处。

美国有一位中学校长，当某个学生违犯了校规，他就把这个学生叫到校长办公室，让这个学生坐在他的椅子上，他自己则坐在来访者的椅子上，然后才开始交谈。 他介绍说，这能使学生处在学校负责人的位置上更好地考虑和认识自己所犯的错误。


7. 关系逆向

当事物发展到一定阶段，在有的事物之间，原有的相互关系会发生颠倒。 这由此给我们带来了启发，创新思维有时也需要关系逆向。

在以电子计算机为标志的科技革命发生以前，科学技术和生产的关系是："生产——技术——科学"，就是先由生产实践提出课题，然后进行技术革新，最后再推动科学研究的发展。现在则倒过来成为"科学——技术——生产"，也就是往往先有了科学上的某种新的发现，或有了某一新的科学原理、定律的创立，然后通过相关或相应的技术革新，最终推动生产向前发展。现在科学已起着领先和主导的作用，走到了生产的前面，大量的新技术、新产品是在实验里诞生的。

## 8. 过程逆向

事物起作用的过程具有确定的显著的方向性，显示着事物的某种发展趋势。当事物的发展趋势发生了逆向的重大改变，人们对它的认识和态度也就自然需要随之做相应的调整。过程逆向是指颠倒事物起作用的过程，从而引发新创意的思维方式。

一个日本人在东京开了一家中国餐馆，生意十分红火。后来，三个中国留学生在这家日本人的中国餐馆对面，也开了一家中国餐馆，由于中国人做的是正宗中国菜，所以把日本人的生意抢走了不少。面对着这种局面，那位日本人如何与中国留学生的餐馆竞争呢？首先，他要经理每日去对面买一份中国菜，一个月以后全买齐了，认真加以研究，从中吸取经验。其次，他在报纸上刊登广告，每个菜的价格比中国留学生餐馆的菜要贵三倍。有些人不理解，认为这是在为中国留学生餐馆做广告。其实，这位日本人用的办法就是逆向思维方法，有意识地让中国留学生迅速致富，然后抓住三人不团结的弱点，再采取降价的战术，从而一举打垮了中国留学生的餐馆。

这里这个日本老板在取得了真经后，决定刊登广告，将菜价上调到中国留学生餐馆的三倍，是一种欲擒故纵、欲先取之必先予之的战术，调整赚与赔的发展趋势，加速小赔是为了以后的大赚。


## 9. 条件逆向

条件逆向是指许多事物尽管处在相反的条件下，但由于构成事物的内在因素所起的作用错综复杂，却可能产生相同影响，造成相同结果。

二战后期，在盟军攻打柏林的战役中，有一天晚上，苏军必须趁黑夜向德军发起进攻。夜晚本来是偷袭的好时机，可是那天夜里天上偏偏有星星，大部队出击很难做到高度隐蔽而不被对方察觉。苏军元帅朱可夫对此思索了很久，后来猛然想到一个主意，并立即发出指示：将全军所有的大探照灯都集中起来。在向德国发起进攻的时刻，苏军的140台大探照灯同时射向德军阵地。极强的亮光把隐蔽在防御工事里的德军将士照得睁不开眼，什么也看不见，只有挨打而无法还击，这样苏军很快便突破了德军的防线。

这是二战的一个著名战例，其之所以成功，显然与朱可夫的逆向思维的思路分不开。他敏锐地觉察到，利用黑夜进攻，让部队高度隐蔽，其作用无非是要使德军看不见苏军的进攻行动。 以 140 台大探照灯一起向德军阵地射去，同样能起到这样的作用。 "没有光"和"光极强"正好是相反的条件，然而却起到了相同的作用。

# 第二章

## 万事万物皆可逆：逆向思维的多样形式

⌄⌄

逆向思维有多种形式，从内容上和方法技巧上来分，有颠来倒去、欲正先反、以险求安、以拙胜巧、以毒攻毒、以退为进、虚实变换等等。

## 颠来倒去，把思维过程反过来

思维过程的颠倒，实质是思维的逆向发散过程。 这种发散的特点具有颠倒的辐射性质，如位置颠倒一下，角色颠倒一下，表意顺序颠倒一下，观点颠倒一下，输赢颠倒一下，作用颠倒一下，方式颠倒一下，程序颠倒一下，动静颠倒一下，过程颠倒一下，因果颠倒一下，主次颠倒一下……七的角度选定突破口，改变事物原本的运行方向。问题都需要逆向思维呢？ 日本的丰田汽车创始人曾经说过这样一句话："如果我取得了一点成功的确实对我们有所启迪。 尤其是正向思维使人陷候，让思维重新选择一个出发点，重新确定一个方会使你茅塞顿开、豁然开朗。

国外有一家动物园的老板，生意比较清淡。来了一些专家给他想办法，讨论的题目是如何捉到

专家们提出了很多的方法，但要么是不可

投资太大。后来，一位学者站起来，说："不必再谈了，老虎已经捉到了！我们可以把笼子里的内部变成外部，外部变成笼子的内部，不管哪里有老虎，都可以用这个方法做到！"

这则故事听起来荒谬可笑，可是，动物园的老板却受到了启发：建立一个天然的动物园，将老虎和其他野兽放在自然的环境下生活，而参观者去参观时，进入一个活动的笼子——密封的汽车里游览。这就是：把笼子的内部变成外部，而将外部变成笼子的内部。按这个设想的动物园建立起来以后，果然吸引了四方来客，生意日益兴隆起来。

这种思维方式就是位置颠倒，主要是指事物的空间关系的置换，将常规的、固定的空间位置调换一下，常常会发生意想不到的效果。在头脑中将事物的空间关系进行分析、比较、设想，反转一下条件和结果，是逆向思维过程的重要一环。

一对农村夫妻在城里找到了比较稳定的工作，他们决定要在这座城里找一处房子住下来。于是，一家三人，父亲、母亲带着一个聪明可爱的六岁的儿子，找来找去，最后终于看中了一处住房，因为那招租广告上的条件最符合他们的要求。

他们按地址找到了这处房子。房东是一位老大爷，一看到他们带着一个小男孩以后，就说什么也不愿将房子租给他们。

父亲急了，诚恳地说："我们都跑了一天了，对你的房子很满意，价钱也可以再商量。 再说，我们现在也没有地方去呀。" "实在对不起了，"房东似乎没有协商余地，"你就是加些租金也不行，因为我不打算把房子租给有小孩的住户。"

母亲急了，说："这孩子过几天就要送到乡下他爷爷奶奶那儿去了。"

可是，房东一听就知道这是临时编出的瞎话，他不想再与这家人分辩了，一转身走进屋里，顺手关了门。

这时，他们那六岁的儿子已将这一切看在眼里，听在心里。 他说："爸爸妈妈，不要着急，我有办法。"说完，他走上前去，用小手敲起门来。 门开了，那个房东走了出来，见还是他们，便一句话没说就要回屋。 小儿一把拉住他，稚声嫩气地说："老爷爷别走，这个房子我来租，我没有孩子，我只有爸爸妈妈两个大人。"

这房东一听，先是一愣，接着高兴地笑了起来。 他年岁大了，又有神经衰弱的毛病，不想把房子租给有小孩子的家庭，是因为怕吵闹。 可现在看着这个可爱的小孩子这么懂事，当然愿意把房子租给他们了。

从孩子的角色，瞬间颠倒为大人的角色，问题便发生了实质性的变化。 于是，人们的思考就要围绕这个新发生的情况来进行。 新的问题当然要比原来的好解决多了。 这种方式在处理各种棘手问题时常能起到非常好的效果。

角色主要是指一个人的社会身份。 一个习惯于某种社会角色的人，往往会形成与自己的身份相符的思维定式。 这种思维定式的出发点和落脚点却是自身一个点，因此所做的判断和决策往往会失误。 角色颠倒又称角色置换，其目的不是改变身份，而是改变思路；不是仅仅改变出发点，而是让思维从相反的方向发散开来，从多方面寻找到公允正确的判断和解决问题的方法。

这种角色颠倒还可以演化为角色反推，就是站在对方的角度，进行心理互换，设身处地地考虑自己处在这种情况下将会如何处理。 这种反推的过程就是对对方进行心理分析，使自己能及时摸清对方的思路，从容找到应对方法。 在军事斗争和政治、经济斗争中，正确运用心理反推分析法，可以把对方有意造成的假象与其心理联系起来，对其本意做出预测，预见到对方的行动和事态的变化发展进程。

1972 年 5 月，美苏首脑尼克松和勃列日涅夫在克里姆林宫握手会谈。 在尼克松的眼里，勃列日涅夫是个刻板、阴冷的人，他既无列宁的超群智慧和政治才能，又无斯大林的超人铁腕和无度权欲，更缺乏赫鲁晓夫的独立思考和非凡精力。 不过，这位平庸的苏联领导人，有时也表现出一点幽默感。

在这次会谈中，尼克松就当面领教了勃列日涅夫的幽默。这种幽默是通过勃列日涅夫不慌不忙地讲了一个故事而表现出来的：

"从前，有一个俄罗斯农民，徒步前往一个偏僻的乡村。他知道方向，但不知道到底有多远。 当他穿过一片桦树林时，遇到了一个老樵夫，就问老樵夫这里离所去的村子还有多远？ 老樵夫说：'我不知道。'农民吸了一口气，便撤退了。突然老樵夫大声嚷道：'顺着道儿，再走 15 分钟就到了。'农民感到莫名其妙，转身问道：'那刚才干吗不说？'老樵夫慢慢答道：'我先得看你的步子有多大啊！'"

尼克松立即明白了，勃列日涅夫把苏联比作"樵夫"，把美国比作"农民"，要自己在谈判中先走一步。 在这里，勃列日涅夫所运用的就是"角色反推"的方法，他要先看到美国的行动或政策，从而才能考虑自己下一步该如何做。

还有一种颠倒方式是表意颠倒，主要是指在人际交往过程中，充分考虑对方的身份、需求、心态等，将原本的语言表述进行先后次序的颠倒，以达到预期的目的。 表意颠倒往往要打破语言的习惯排列顺序，讲求心理效应。

小 A 和小 B 是一家医疗用品公司的推销员，他们对顾客的态度都非常热情，对商品知识的掌握也不相上下。 但是，一段时间下来以后，小 A 的销售额总是比小 B 多，小 B 非常奇怪。 这是什么原因呢？ 他想弄个明白。

第二天，当小 A 接待顾客的时候，小 B 就在一边仔细地观察着。 最后他终于搞清了他们两个人的区别在哪里。

小 A 在向客人介绍商品的时候，一般是这样说的："要说这东西的价格可真是不便宜，但是，它的功能和质量确实是市场上一流的，这就叫作便宜没好货，好货不便宜，现在如果你不买，也许过几天就没有了。"

可是，小 B 却是这样介绍的："这东西的质量非常可靠，而且特别有用。 当然，商品的价格可能是稍微贵了一点。"

原来，他们两个人的差别就在于小 A 先说价格贵，再说东西好。可是，小 B 所说的正好相反。

一般来说，商品的实际价值和商品的价格这两样东西，会对听众的心理产生不同的感觉，以大多数人的心理而言，更为重视后面所说的一番话。

由于小 A 非常熟知这个心理现象，就把商品的长处放在了后面去说，这样一来，顾客对于价格贵一点这个不利因素的注意程度就减弱了许多，所以小 A 当然比小 B 卖得多了。

无论是在哪个国家，盗窃汽车的犯罪分子，一直是警察重点打击的对象。一般的做法都是抓住他们以后把他们监禁起来，不让他们盗窃汽车的技术再发挥作用。可是，国外有一家警察局，却利用这些人做起了反盗窃的工作。

有一次，他们抓住了一个窃车大盗。经过审讯，他们了解到，这个人从 18 岁开始盗窃汽车，他的技术越来越熟练，一般的高级轿车，最多只需要 1 分钟就能把汽车盗走，他盗窃的汽车总价值在 5 亿元以上。在长期的盗窃汽车的活动中，他坐过 11 年的牢房。对于这样一个人，警察局长感到，可以充分利用这个小偷的盗窃汽车技术来为反盗窃发挥作用。

于是，这位警察局长想出了一个发挥盗窃犯特长的好办法：让他担任这个警察局的"汽车防盗技术指导"，并专门成立了一个技术小组，对汽车的防盗设备进行深入的研究。果然，经过这个小偷的细心指导而发明的汽车防盗设备，效果特别好。

这个聪明的警察局长，采用的是作用颠倒的思路，巧妙地

"改造"了小偷，发挥了他的专长，不仅对防止汽车被盗、维护社会治安起到了重要的作用，而且还让这个惯偷以自己的技术服务于社会。

偷儿原本的"作用"是偷，是危害社会的；现在的作用是防盗，是维护社会的。由危害社会变成维护社会，即发生了作用颠倒。

这种作用颠倒的思维方式深刻地体现了对立面之间互相转化的本质。消极作用可以转化为积极的作用，积极作用也可以转化为消极的作用。

一般来说，工厂里的生产环节，都是从前往后，即先要采购原料，然后再进行加工、组装、出厂。前一道工序决定后一道工序，而前一道工序生产多少个零件，则决定了后一道工序就要组装多少零件。为了保证每道工序都能顺利进行，就需要有大量的生产资料准备，否则，前一个程序出了问题，后面就会停工待料。所以，每一个生产工序的车间都要有一个零件储备仓库。这种方式，有明显的占用资金和场地等问题。

而日本的丰田公司第一任总经理丰田喜一郎却改变了这种方式。他偏偏实行了从后向前的方式来安排生产，社会上需要什么样的汽车以及多少数量，他就生产多少，采取了"以需定产"的方式，市场情况调查清楚以后，再决定采购的数量和品种。也就是说，让后一道工序决定前一道工序的生产规模和方式。现在，这种方式已成为现代化生产管理方式的一个方向。

丰田喜一郎所采取的就是逆向思维中顺序颠倒的方式。顺序是事物的时间特性，显示事物的某种发展趋势，当事物的发展顺序颠倒时。其趋势和性质就会产生变化。顺序颠倒的目的就是找寻更简约、更方便、更有效益的捷径。

## 欲正先反，运用相反的手段和方法

在逆向思维的影响下，我们可以运用常规韬略中相反的方法和手段来解决一些复杂或难缠的问题，这就是欲正先反。例如，明升暗降、假戏真唱、欲扬先抑、欲擒故纵、欲留却别、欲惩却奖、明拒暗纳等等。这里的升降、真假、扬抑、擒纵、留别、惩奖、拒纳等等，表面上都是矛盾和对立的，但在实际生活中又有统一的一面。当我们用正面或常规的思路达不到预期目的时，欲正先反却可以解决问题。

美国的马里兰州有一个名叫路易丝的护士，由于对她的丈夫长期迷恋于狩猎和钓鱼非常反感，她就在当地报刊上刊登了一则"出售丈夫"的广告，用于威胁约翰先生。广告上写道："今出售我的丈夫约翰，价格优惠。他随身带有良种狗一条，外加钓鱼用具一套。其人品行兼优，唯一的爱好就是狩猎和钓鱼，因此，每年约有九个月不在家。"

约翰先生看到以后，非常苦恼，妻子路易丝也不相信他的解释和保证。后来，约翰的朋友格林为他安排了一个系列的活动，约翰按照计划逐步实施。

　　广告刊出后的第一周，路易丝收到了五封不同姓名、不同笔迹的女性来信，她们都说平生最爱吃鱼，愿意出2倍于路易斯所标价格买下约翰先生。　广告刊出后的第二周，先后有不同姓名、不同口音的十位自称是寡妇的女性打来电话，说她们的居室非常狭小，只放得下单人床，正需要一位难得回家团聚的丈夫，愿意出三倍的价格买下约翰先生。　广告刊出后的第三周，又有十五位求偶女郎，恰恰都是"狩猎爱好者俱乐部"的会员，她们表示：如果能够与约翰先生结为终身伴侣，便有共同的爱好，可以骑马于深山密林，将是莫大的幸福，愿出十倍的价钱，渴望早日能够与这位志同道合的人儿结合。　广告刊出后的第四周，路易丝又在门边拾到了一张约翰同一位美貌年轻的姑娘的合影，那是在河边钓鱼时如胶似漆的照片！　这对于路易丝的震动不亚于在她身边爆炸了一颗重磅炸弹，于是，路易丝立即赶去报社，撤销了"出售丈夫的广告"。

　　后来她还买了一大堆讲述钓鱼和狩猎技巧的书本，悉心研究，并且跟随约翰先生一同去钓鱼和狩猎，如影随形、寸步不离。

　　这一欲正先反的实例，由浅入深地表明了人的特殊需要非理性的一面，仅从正面纠正往往不能奏效，而用欲正先反、矫枉过正的逆向思维方法，却能收到好的效果。

　　欲擒故纵也是欲正先反的深刻体现，它的意思是为了捉住对手，故意先放松一步，使对手放松戒备。　在这里，擒是目的，纵是手段，纵的目的就是为了擒。　这里的纵不是放虎归山，让对手养精蓄锐，形成东山再起之势，而是让对手不利于自身的劣势得到充分暴露，等待时机成熟，为最后的擒制造必要的条件。

2700 年前的春秋时期，郑国君庄公之弟公叔段依仗母亲姜氏的百般宠爱，骄奢淫逸，引起群臣的不满，纷纷要求庄公严惩。庄公则认为，在公叔段的罪恶没有充分暴露之前，过早惩罚他，不仅母亲不理解，郑国的大多数人也不会谅解，会责怪他太无手足之情。他认为只擒不纵非上策，故一直等到公叔段十恶不赦之时才下手。结果庄公的行动得到国人的支持，赢得了国人的拥护。庄公纵容公叔段的目的就是让他母亲及天下的人都认识到他弟弟的罪恶，然后水到渠成、瓜熟蒂落，除掉公叔段就顺理成章了。

欲擒故纵属于隐蔽性智谋。这种隐蔽性所起的作用是使对方丧失警惕性，让其某些行为和不利之处得以"淋漓尽致"地表现出来。因此，欲擒故纵经常被应用于侦探等领域以收到引蛇出洞的目的。

武则天当政时，她的女儿太平公主的珍宝被窃。武则天皇帝龙颜大怒，下了一道死命令："三天之内抓不住盗贼，严惩不贷！"许多吏卒胆战心惊。这时有一位名叫苏无名的官吏自告奋勇，说他可以捕住罪犯。他对武则天说："请不要限定时间，放宽期限，数十天内，臣定将盗贼捉拿归案。"武则天准许了他的请求。

于是，他命令吏卒将所有的布告撕毁，故意散布说，盗贼已被抓获。

过了几天，正值寒食节，民间有扫墓的风俗。苏无名召集吏卒，向他们布置了行动计划："你们十人或五人一伙，分别在城东门和北门注意监视。如果有一伙外国商人身穿孝衣，一起向城外北郊山墓地走去，就跟踪他们，并派人向我报告。"

　　吏卒们按苏无名的吩咐，密切监视过往的行人。不久，果然出现一伙外国商人。于是急忙派人向苏无名报告，其他人继续跟踪来到北郊山。苏无名得报立即奔赴墓地，看到那一伙人来到一座新坟前，摆上供品，笑了一阵，毫无悲伤的样子，然后撤去供品，就在坟旁来回察看，不时还偷偷相视而笑。

　　苏无名高兴地说："贼已抓到了。"马上命令吏卒一拥而上，将外国人全部抓获，并命令他们掘开坟墓。

　　当坟墓掘开以后，露出一口棺材。开棺一看，里面装的全是太平公主丢失的宝物。

　　原来苏无名在到达京城之时，看到一伙外国商人出殡送葬时，行动异常，觉得事有蹊跷，怀疑他们是贼，但也不知道他们把宝物埋藏在哪里。他估计寒食节来临之际，这伙人必定趁机出城，有所行动，便采用欲擒故纵术，消除紧张的捕贼声势，故意制造一个天下太平的气氛，结果，盗贼们以为事情已经过去，可以分赃了，结果正好落入了苏无名设下的圈套。如果当时不用"放纵"的方法，而是给这些盗贼造成四面楚歌、草木皆兵之势，那么就不能达到引蛇出洞后一网打尽的目的。

欲擒故纵不但可以用在"擒人"的具体行动上，也可以用于"擒""某种意图"或"某种行为"上。这时，欲擒故纵其实质就是利用人们"吃软不吃硬"的心理状态。在日常生活中，人们常有这样的体验：一个人架子越大，人们往往越不买他的账；而一个人越是敬重别人，他也越是得到别人的敬重。这种心理引起的效果是：求着贵，卖着贱；争之不足，让则有余；强求者难得，推脱者反能到手；严之则松，松之则严。因此，在处理许多事情时，如能顺应人们的这种心理，欲擒之先纵之，常常能收到奇效。

东汉末年，刘备欲进军西川，但西川地势复杂，道路崎岖，需要一幅地形图。正在这节骨眼上，西川的张松身带地形图来拜见刘备。然而刘备见到张松后，尽管破格招待，殷勤备至，但酒席宴会上只字不提西川之事。一连三日，刘备设宴招待，始终只叙友情，不谈其他，好像毫无取西川之意，直到在十里长亭为张松饯行时，只是两眼噙着泪道别。张松见刘备这时还没有索图之意，感到十分不解，他想："玄德如此宽仁爱士，安可舍之？不如说之，令取西川。"于是便劝说刘备取下西川。这时，刘备还是故作拒绝状，张松反而向刘备极力劝说。最后刘备才做出十分勉强的样子，顺水推舟地抛出他梦寐以求的事："备闻蜀道崎岖，千山万水，车不能轨，马不能联辔，虽欲取之，用何良策？"于是，张松将西川的地形图献了出来。

刘备的这一番表演，成功地应用了欲擒故纵术，他虽对西川地形图梦寐以求，但却只字不提西川地图之事。当张松主动提出后，又一再推托，但越是这样，张松越感动，越急于献地图。 反过来，我们可以设想如果刘备主动索取地图，那么刘备的形象必然在张松的心目中黯然失色，地形图自然也没那么容易得到了。

在有些特殊的场合中，如果采取直接的方法可能会使对方无法下台阶，而和善地旁敲侧击，甚至用完全相反的方式去送梯子，来一个位置对换，对方通常都能心领神会，借机下台阶。 请看下面这个例子。

广州有一家著名的大酒店，一位外宾吃完了最后一道菜以后，将一双制作精美的景泰蓝筷子放进了自己的提包里。

服务员将这件事报告值班经理，值班经理说："你得想一个办法，使我们既不受损失，也不让对方太难堪。"服务员听后，觉得这件事情太难了，她想了半天也没有想出什么好办法，最后，只好决定自己拿出钱来赔。

值班经理看出了她的为难，就从柜子里取出一个精美的绸面小匣子说："这个小匣子是专门用来装这种筷子的。"然后，说出了一个方法。 女服务员顿时喜上眉梢，连声说："太妙了。"

只见这位服务员亲切地走到了那名外宾的身边，礼貌地用流利的英语说："先生，我们发现你在用餐的时候，对我国的景泰蓝筷子特别感兴趣。 非常感谢你对中国精美工艺品的赏识，为了表达我们的感激之情，经过值班经理的批准，我代表我们酒店，将一双制作精美并且经过严格消毒的景泰蓝筷子送给你，这是装筷子的小匣子，请您收下。 并且请您按照我们酒店的规定，以'优惠价格'记在您的账上，您看可以吗？"

外宾听了这番非常有礼貌的话，当然明白了其中的弦外之音，在表达了谢意之后，说："真是不好意思，我刚才多喝了几杯，头脑有点发晕，居然将筷子放进包里去了。"他自己也趁机下了台阶。

"没有关系，先生，我们知道你确实喜欢，但是根据酒店的规则，筷子应该经过严格的消毒和包装以后才能送到朋友手中。""既然是这样，那么，我就以旧换新嘛。"外宾顺势从包里取出了筷子放在餐桌上，大家同时笑了起来，好像是在做一次平常的交谈，根本没有发生什么不愉快的事情。

可以看出，欲正先反的思维过程，是为了达到某种目的或阻止某件事情的发生，故意使用相反的手段和方法，来取得正面的积极效果。下面有两个以脏求美和以乱求静的例子，就很好地说明了这一点。

在美国的一所中学里，一些爱美的女学生有一个不太好的习惯：她们在课间休息时到卫生间去梳洗、补妆之后，经常会在镜子的表面印上自己的口红印。以至于后来，这种"浪漫"的做法被越来越多的女孩子争相效仿。

这件事给学校的清洁工作增加了许多麻烦，尽管校方对这些女学生做了不少工作，也用了很多方法来劝止，甚至用警告、处分、罚款等手段，但是，效果并不十分明显。

后来，这所学校来了一位女校工，她想出了一个绝妙的办法。这一天，女校工请校长把学校里最漂亮最爱打扮的十多个女生集中起来，将她们带到了卫生间。她说："我要告诉你们，让你们亲眼看一看，清洁镜子上的口红是一件多麻烦的事情！"她拿起抽水马桶上的刷子，沾着马桶里的水，将镜子上的口红印除去。

从此以后，再也没有人愿意在这里的镜子上面留下自己的口红印了。 这位聪明的女校工，故意以这种最极端的方式——用抽水马桶里的水来擦镜子！ 将抽水马桶与淑女口红联系起来，不需再多费一点口舌，就将这个长期得不到解决的问题轻而易举地解决了。 这个方法可比简单的禁止、罚款要有效得多。 下面再讲一个以乱求静的故事。

美国芝加哥的一位退休老人在学校附近买了一栋简朴的住宅。 最初几个礼拜很安静，可好景不长，后来有三个年轻人开始在附近踢垃圾桶来取乐。

这位老人受不了他们制造的噪音，就出去跟他们谈判："你们几个年轻人玩得很开心。"他说："我年轻时也常常做这样的事情，你们能不能帮我一个忙？ 如果你们每天过来踢垃圾桶，我就给你们每人一块钱。"

这三个年轻人很高兴，他们每天都坚持来使劲地踢所有的垃圾桶。 有一天，这位老人愁容满面地去找他们。 "通货膨胀减少了我的收入。"他说，"从现在起，我只能给你们每人五毛钱了。"

这三个年轻人不大开心，但还是接受了老人的钱，每天依然继续踢垃圾桶，但劲头显然没有从前大了。 几天以后，老人又来找他们。 "瞧！"他说，"我最近没有收到养老金支票，所以每天只能给你们两角五分。 成吗？"

"只有两角五分。"一个年轻人大叫道，"你以为我们会为了区区两角五分钱浪费我们的时间，在这里踢垃圾桶？ 不成，我们不干了！"

从此以后，这位老人过上了安静的日子。

其实，无论是女校工的以脏求美还是老人的以乱求静，都说明了同一个道理：一件事情，如果你正面制止无法起到作用，就不妨从反面来试一试。

# 以险求安，置之死地而后生

我国古代的哲学家认为，事物一旦发展到极致时，就会朝相反的方向转化，如果坏到顶就会转好。根据这一事物反相演变的规律，人们的思维方式和方法也应采取一些相应的策略，特别是身处绝境、事至极险时，索性再添加一些外力，促使其更绝更险，从而使事态发生根本性的变化。例如，我们熟知的破釜沉舟就印证了这个道理。

公元前207年一月，秦国的大将章邯率领主力大军进攻巨鹿。战争十分激烈和残酷，守城的赵国士兵人少，而且粮食也用尽了，情形危急。

当时，前来救援的燕军看见秦国的军队来势凶猛，不敢前去交锋，他们在近处安营扎寨，等待观望。这个时候，楚霸王项羽早就想"称霸诸侯"，见到这个阵势，也很想露上一手，但眼看自己的军队与秦国的军队相比差距太大，只急得他恨不得一口将对方吞下。后来，他终于想出了一个"笨"办法：他派了两万人，渡过了漳水河以后，先切断了秦国军队的粮道，然后，他自己也率队过河。

过河之后，项羽命令全体将士把所有的饭锅砸烂，又下令将所有的渡船凿沉，完全断绝了自己的退路。最后，连营帐也烧掉，每人只准带上三天的口粮。这样一来，他等于把自己逼上了绝路，迎面是强大的秦军，全体将士要么战胜秦军，要么被打败，没有其他的选择，楚军只有一条路——死拼！

全军将士来到战场以后，立即以迅雷不及掩耳之势，向秦军发动猛烈的进攻，个个把生死置之度外，以一当十，勇猛拼杀，经过了几次大战，杀得秦军大败而逃。

破釜沉舟，实际上是阻绝人们的退路，使人产生危机感，以此激励人们奋发进取。因此，有远见卓识者，通过人为的方法制造出某种特定的危机局面，也是对逆向思维的一种巧用。

日本日立公司以生产家用电器著称于世。自20世纪60年代以来，由于国际市场对家用电器需求的持续增长，日立公司也发展顺利，产品畅销不衰。为了克服员工的自满情绪，激励员工努力进取，日立公司采用一些措施，人为地制造危机感。例如，1974年9月，公司宣布境况不佳，有2.2万名员工需暂时回家待业一个月，待业者可领到工资80%左右的待业金。1975年1月，公司又决定对4000名管理人员实行减薪，从上层到下层按不同比例减：总经理减15%，部长级减10%，课长级减5%。通过这些具体的手段，使员工们普遍感到了危机的存在，上下不敢懈怠，一致认为：只有不断进取，才能保住工作，保持全额收入。这无异于破釜沉舟、不进则亡。日立公司的这一妙策，难道不值得我们借鉴吗？

人处死地，一切置之度外，连死都不怕，还怕什么呢？只有不怕，才能激发活力、产生勇气，从而死中求生。 奇迹为什么往往会出现在绝处险地？ 心理学家认为人的潜能最易在应激时开发出来，而绝处险地最能使人产生紧张危机的情绪。 因此，从相反的方向把自己放置逆境之中，激活潜能，从而使事物朝好的方向转化，这就是最富冲击型的逆向思维了。

一次，年轻俊秀的汤姆不小心落到了一伙歹徒的手中，歹徒准备第二天把他阉割成那种在夜总会里被人观赏的男身女形人。

为了防止汤姆逃跑，这群歹徒将他赤身裸体地关进一间浴室里。 无计可施的汤姆万念俱灰，他想到明天就要惨遭阉割，还不如现在就自尽算了。 可是，这间浴室里面除了浴缸以外，没有什么其他东西。 汤姆把头向墙上撞过去，可墙和浴缸都是硬橡皮做的。

正在发愁时，汤姆忽然想到了自杀方法，就是身体平躺在浴缸里放自来水，让水慢慢地淹没过身子，然后自由自在地去见上帝。 想到这里，汤姆就把浴缸的出水口堵死，拧开了水龙头，然后就躺下准备等死了。 谁知半个小时过去以后，水早已漫出浴缸，可汤姆还是没有死去。 原来他在水里憋得实在难受，求生的欲望使他只得浮上来吸口气，这样根本就死不成。

就在这时，汤姆发现了一个奇怪的现象：浴室里的水越积越多，没有一点外漏的迹象。 原来这间浴室安装的是扇严丝合缝的密封门，水一点也流不到外面去，而且这间浴室四周没有窗户，只有顶端有一扇轮胎大小的换气窗用来透气。

汤姆看着这个气窗，眼睛突然一亮。 他急忙一头潜入到浴缸底，把水龙头开到最大，让自己的身体静静地躺在水面上。 水渐渐地上升到浴室的天花板，汤姆顺利地从那个换气窗逃了出去。

陷入困境的汤姆原想一死了之，可在寻死的过程中却出现了生机。 不少事情往往就是这样，当处于绝境的时候，只要采取的行动得当，往往就是转机的开始。

第二次世界大战时期，苏军的一辆坦克单独冲入了敌军阵地，不料陷入了一个深水坑里，发动机也突然熄了火。 当时，里面的坦克手们除了手枪就再也没有任何能使用的武器了。 德国兵们一窝蜂地冲上来，拼命地敲打着坦克的铁甲，大声喊着："你们跑不了啦，赶快出来投降吧！"

"俄国人决不当德国法西斯的俘虏！"坦克里发出一个坚定的声音。 德国人气坏了，他们找来柴草和汽油，准备把坦克里的苏军士兵活活烧死。 "限你们一分钟，如果再不投降，就把你们全都烤熟。"德国士兵吼叫道。

就在这时，坦克里传出"当当当！"的几声枪响和几声惨叫。 接着，任凭德国人再怎么样叫喊也没有回音了。 "他们一定是自杀了。"德国兵们说着，有的爬上了坦克，想要打开坦克的仓门看个究竟。 可是，仓门是从里边反扣死的，德国士兵费了九牛二虎之力，却怎么也打不开。

"把它拖回去再说。"一个德国军官命令道。 可这是一辆超重型坦克，一辆德军坦克根本拉不动，于是他们又调来一辆坦克，终于将这辆超重型坦克从泥潭中拉了出来，要拖回自己的阵地。

可是，德国人做梦也没有想到，当他们如此"热心"又费力地将深陷在水坑里的苏联坦克拉出来以后，那辆坦克却突然发动起来。当年苏军坦克的马力比德军的大得多，巨大的力量使德军坦克无法与之抗衡。结果，苏联坦克反将这两辆德军坦克拉回了自己的阵地。

坦克陷入泥潭，功能丧失，成了死坦克，但坦克中的人是活的，索性将陷入绝境的人和物一块推到更险恶的境地，造成人死物废的假象，麻痹敌人，伺机而为。后来借助敌人的力量，不但救活了坦克，而且还转败为胜，创造出了军事史上的奇迹。这个事件有其偶然性，但反映的"事至极处易再生"的规律性，却是必然的结果。

## 以拙胜巧，大愚中体现大智

愚蠢、糊涂，听起来都是贬义词，人人都想当一个聪明人，或者说人人都想让别人认为自己是一个聪明人。但老子曾经说过，大象无形、大音稀声、大智若愚……用相反的表现形式来掩盖自己的聪明才智和高超技艺，从而达到旁人莫及的成功或效应，这是高层次的逆向思维。

以拙胜巧的表现形式是"拙"，或痴或癫，或呆或愚，或聋或哑。其作用是麻痹、诱陷、利用对方，促使事物沿着谋划好的目标转化。

有一个村庄盛产土豆，每到收获的季节，土豆堆积如山，各家各户男女老少都要不分白天黑夜地忙着分拣土豆。因为，按照收购规定，必须把土豆分为大、中、小三个等级。

可是，这个村子里偏偏就有一个单身汉，他收了土豆以后一直堆放在家中，别人忙得要命，他却到处闲逛，村里没有人不认为他懒惰的。

可是，等到人们一起去城里送土豆的时候，才惊讶地发现，这个单身汉不知用什么巧妙的方法，早已经将土豆分好了等级，更奇怪的是，他从来不和大家一起从平坦的大道到城里，而是专门拣那坑坑洼洼的乡间小路。

直到有一年，一个有心人为了弄清这里面的缘由，和这个单身汉走了一回，才揭开了谜底。原来，这个单身汉看起来很懒很笨，其实很聪明，他走这不平的道路，是为了分他的土豆。不平的路一路颠下来，小的土豆就筛到了下面，大的土豆被抖到了上面。

后来，全村人都学会了这种筛选土豆的方法，再也不用全家辛苦地用手来挑选土豆了。这人看似懒笨，却实为聪明。

将以拙胜巧的思维模式用于政治博弈，就是韬晦之术，在形势不利于自己的时候，表面上装疯卖傻，给敌人以碌碌无为的印象，隐藏自己的才能，掩盖内心的政治抱负。三国时期，曹操与刘备青梅煮酒论英雄这段故事，就是个典型的例证。刘备早已有夺取天下的抱负，只是当时力量太弱，根本无法与曹操抗衡，而且还处在曹操控制之下。刘备装作每日只是饮酒种菜，不问世事。一日曹操请他喝酒，席上曹操问刘备谁是天下英雄，刘备列了几个名字，都被曹操否定了。忽然，曹操说道："天下英雄，只有我和你两个人！"一句话说得刘备惊慌失措，生怕曹操了解自己的政治抱负，吓得手中的筷子掉在地下。幸好此时一阵炸雷，刘备急忙遮掩，说自己被雷声吓掉了筷子。曹操见状，大笑不止，认为刘备连雷声都害怕，成不了大事，对刘备放松了警觉。后来，刘备摆脱了曹操的控制，终于在中国历史上干出了一番事业。

看来，以拙胜巧中的"拙"并不是真的愚笨、糊涂，要点是一个装字，装糊涂、装聋作哑……下面我们来看两个这方面的例子。

美国前总统威尔逊，在他当新泽西州州长时，曾接到华盛顿的电话，说他的一位朋友、新泽西州的议员去世了。威尔逊深为震动，立即取消了当天的一切约会。几分钟后，他接到了新泽西州的一位政客的电话。

"州长。"那人结结巴巴地说，"我希望代替那位议员的位置。"

"好吧。"威尔逊慢吞吞地说，"如果殡仪馆没什么意见，我本人是完全同意的。"

威尔逊当然不会不知道打电话的人所说的"位置"指什么。他故作糊涂，弄得对方哭笑不得。

美国的大发明家爱迪生发明了自动发报机之后，他想卖掉这项发明，准备再建造一个新的实验室。可是，他一天到晚只知道埋头搞发明创造，根本不知道市场上的行情，于是，他就与自己的夫人米娜商量。米娜整天陪着丈夫不出门，她也不知道这项技术究竟能值多少钱，想了想说："我们就要 2 万美元。你想想看，一个新的实验室如果建设起来，至少也需要 2 万美元的。"爱迪生笑了笑说："我们一开口就要 2 万美元，太多了吧？"米娜见他犹豫不决，就婉转地给他出主意说："我看能成功，要不然，你在卖的时候先套一下人家的口气，让他先开个价再说。"

当时，爱迪生已经是一个小有名气的发明家。一位美国商人听说了这件事以后，表示愿意买下自动发报机技术，爱迪生便请这位商人前来面谈。

这一天，商人来到爱迪生的实验室。可这时，爱迪生的夫人恰好出去，不在身边。爱迪生正忙着做他的实验，连头也没抬一下。商人在一边等了一会儿，不知道对方究竟是什么想法，终于忍不住问道："爱迪生先生，您要我出多少钱才可以出让？"爱迪生想说出价格，可又认为2万美元似乎有点太高，不好意思开口，于是用手指指自己的耳朵，假装听不明白，不做回答。这位商人只好放大嗓门，凑近爱迪生，又连问几遍。可爱迪生就是不开口，索性装聋作哑起来，想等自己的夫人回来再说。最后，商人终于耐不住了，开口说："既然你不愿意说，那么，我先开个价吧，10万美元怎么样？"

这个价格大大地超过了他们的期望值，爱迪生大喜过望，立即不假思索地和商人拍板成交。

原本期望中的2万美元变成了10万，造成这个结果的正是爱迪生装聋作哑的智慧。

在有些时候，装聋作哑也是化解尴尬的妙招。一位师范大学的学生，在毕业前夕好不容易找到一家相当不错的中学实习，谁知实习所上的第一堂课，就差点出岔子，幸亏这位实习生脸皮比较厚，在突然出现的变故面前装聋作哑，从而摆脱尴尬境地。

这天，实习生刚在黑板上写了几个字，学生中突然有人叫起来："老师的字比我们李老师的字好看多了。"

真是一语惊四座，稚嫩的学生哪能想到：此时后座的班主任李老师是怎样的尴尬！对这位实习生来说，初上岗位，第一堂课就碰到这般让人难堪的场面，的确令人头疼，以后怎样同这位班主任共度实习关呢，转过身来谦虚几句，行吗？ 绝对不行！ 这位实习生灵机一动，脸上看起来若无其事，装作没有听到，继续写了几个字，然后头也不回地说："不安安静静地看课文，是谁在下边大声喧哗。"

此语一出，使后座的李老师紧张尴尬的神情，顿时轻松多了，尴尬局面也随之轻松消除。

这位实习生的做法就是装聋作哑。 因为他装作没听清学生的议论，避实就虚，即避开"称赞"这一实体，装作没有听清楚，而攻击"喧闹"这一虚像，既巧妙地告诉那位班主任"我"根本没有听到；又打击了那位学生的称赞兴致，避免了他误认为老师没有听见的可能，再称赞几句从而再次造成尴尬局面。 当然，谁不愿意听好听的话？ 这位实习生对于自己下苦功练成的字，能够得到同学们的赞扬，他的心里肯定像是吃了蜜一般甜，只不过脸上没有显露出来罢了。

以拙胜巧的思维模式还体现在对吃亏与占便宜的态度上。有个老板，没有多少文化，也没有任何家庭背景，但生意却出奇的好，而且越做越大。 其实，他的秘诀也没什么，就是与每个合作者分利的时候，他都只拿小头，把大头让给对方。

这样一来，凡是与他合作过一次的人，因为尝到甜头，都愿意与他继续合作，而且还会介绍一些自己的朋友，再扩大到朋友的朋友，也都成了他的合作者。 人人都说他好，因为他只拿小头，但许多的小头聚集起来，就成了最大的大头，他才是最大的获利者。

吃亏是智，因为人都有占便宜的弱点，你吃点亏，让别人得点利，就能最大限度调动别人的积极性，使你的事业兴旺发达，这就是吃小亏而占大便宜。

"人为财死，鸟为食亡"这句俗语说得真是入木三分，岂不知吃亏与占便宜，正如祸和福一样，可以相互依存和相互转化。可能有人会说，吃亏就是吃亏，占便宜就是占便宜，怎么能说吃亏反而是福呢？我们不妨换个角度来分析一下：吃点亏，一是内心平静，不七上八下；二是得到旁观者的同情，落个好人缘；三是这次虽吃点亏，但因获得了道义上的支持，下次可能会得到更多，何亏之有？反之，占了他人的便宜，发点不义之财的人心理上能坦然吗？而且还会失去人缘，落个坏名声。为一点小便宜而堵了自己以后的路，得不偿失。所以，吃亏表面上是祸，其实是福，占便宜表面上是福，其实是祸。

明朝苏州城里有位尤老翁，开了间典当铺。一年年关前夕，尤老翁在里间屋盘账，忽然听见外面柜台有争吵声，就赶忙走了出来。原来是一个附近的穷邻居赵老头正在与伙计争吵。尤老翁一向谨守"和气生财"的信条，先将伙计训斥一通，然后再好言向赵老头赔不是。

可是赵老头板着的面孔不见一丝和缓之色，靠在一边柜台上一句话也不说。挨了骂的伙计悄声对老板诉苦："老爷，这个赵老头蛮不讲理。他前些日子当了衣服，现在，他说过年要穿，一定要取回去，可是他又不还当衣服的钱，我刚一解释，他就破口大骂，这事不能怪我呀。"

尤老翁点点头，打发这个伙计去照料别的生意，自己过去请赵老头到桌边坐下，语气恳切地对他说："老人家，我知道你的来意，过年了，总想有身体面点的衣服穿。这是小事一桩，大家是低头不见抬头见的熟人，什么事都好商量，何必与伙计一般见识呢？你老就消消气吧。"

尤老翁不等赵老头开口辩解，马上吩咐另一个伙计查一下账，从赵老头典当的衣物中找四五件冬衣来，指着这几件衣服说："这件棉袍是你冬天里不可缺少的衣服，这件罩袍你拜年时用得着，这三件棉衣孩子们也是要穿的。这些你先拿回去吧，其余的衣物不是急用的，可以先放在这里。"赵老头似乎一点儿也不领情，拿起衣服，连个招呼都不打，就急匆匆地走了。尤老翁并不在意，仍然含笑拱手将赵老头送出大门。

没想到，当天夜里赵老头竟然死在另一位开店的街坊家中。赵老头的亲属乘机控告那位街坊逼死了赵老头，与他打了好几年官司。最后，那位街坊被拖得筋疲力尽，花了一大笔银子才将此事摆平。

事情真相很快透露了出来，原来赵老头因为负债累累，家产典当一空后走投无路，就预先服了毒，来到尤老翁的当铺吵闹寻事，想以死来敲诈钱财。没想到尤老翁一忍再忍，明显吃亏也不与他计较，赵老头觉得坑这样的人即使到了阴曹地府也要下地狱，只好赶快撤走，在毒性发作之前又选择了另外的一家。

事后，有人问尤老翁凭什么料到赵老头会有以死进行讹诈的这一手，从而忍耐让步，避过了一场几乎难以躲过的灾祸。

尤老翁说："我并没有想到赵老头会走到这条绝路上去。我只是反过来想了想，像穷成他那样的人还敢无理取闹，是不是有所凭仗。在我当伙计的时候，我爹就常对我说：'天大的事，忍一忍也就过去了。'如果我们在小事情上不忍让，那么很可能就会变成大的灾祸。"

　　曾经有人说过这么一段极富哲理的发人深省的话："福祸俩字半边一样，半边不一样，就是说，俩字相互牵连着。 所以说你们得明白，凡遇好事的时光甭张狂，张狂过了头后边就有祸事；凡遇到祸事的时光也甭乱套，哪怕咬着牙也得忍着受着，忍过了，受过了，好事跟着就来了。"

# 以毒攻毒，以彼之道还施彼身

"以毒攻毒"的思维过程是将对方提供的信息、手段、方法逆转方向，反作用于对方，即"以其人之道还治其人之身"。以毒攻毒有三个关键要把握好：一是破解，即识敌识计，改变被动状态；二是逆势变通，将思路反向调整，改变作用目标；三是注意反馈，防止反作用力以保护自己。

唐朝时，李怀光秘密与朱泚勾结谋反，他们密谋的事，已经显露出迹象。这时，与其一起带兵的李晟多次上书朝廷，恐怕出现事变，被这二人火并，又请求将军队移至东渭桥。皇帝希望李怀光能改邪归正，使之为朝廷出力，所以李晟的奏文一直被留中不发。李怀光想推迟交战的日期，并想激怒众卒，强化叛乱的群众基础。

李怀光对众士卒说："我们诸军的粮食供应特别少，而神策军（李晟）的粮食却特别优厚，厚薄不均，难以打仗。"皇上正在为军粮不足而忧虑，对李怀光的不满很觉为难。如果粮食供应各军拉平，无力办到；可不拉平，李怀光的怨气无法消除，众军的军心也可能因此涣散。为此，皇帝派陆贽到李怀光的军中慰问，还召来李晟共议军粮的事。李怀光想逼迫李晟反对自己提出减少军粮的意见，使其在士卒中失去威信，为自己以后的叛变提供方便，于是说道："兵士们一样与敌人打仗，可军粮供应却不同，这怎么能使将士们齐心协力地去打仗呢？"陆贽没说话，多次转头看李晟。李晟却静静地说："你是元帅，可以发号施令；我率领的一个军不过是指挥而已，至于增减粮食，应该由你决定。"李怀光默然不语。

李晟的成功就在于采取了以毒攻毒的方法。李怀光想把减少军粮的罪名加在李晟的头上，从而使李晟的将士对他不满；李晟则没有徒劳地解释，而是将减少军粮的决定权在李怀光这一事实摆明，就这样，一个不受人欢迎的皮球，又被踢回去了。

反间计也是属于以毒攻毒思维中的一种。某年，我国一家大型造船厂参加了一艘万吨巨轮制造工程的国际投标活动，主要竞争对手是一家日本的船舶机械制造公司。

由于投标资格经过了严格的审查，所以进入最后一轮竞投的公司都具有制造该艘轮船的能力，中标的关键在于工程造价的高低，而投标的原则就是低价者得。

我方船厂是有备而来。组成了一个 10 人代表团到香港的投标地点参加竞投，船厂的总工程师老吴则是代表团的核心成员之一。

老吴刚一下榻，就有一位张先生找上门来。老吴一眼就认出他是自己大学的同学，异地相逢，自然喜出望外，少不了把盏叙旧。张先生自称6年前来港，现在某公司供职，职位低微，及不上老吴风云，老吴只得好言"开解一番"。酒过三巡，张先生问起老吴来港的目的，老吴实言以告，说是为投标而来，张先生立即显示出极大的兴趣，三番四次故作无意地探问详情。老吴因身负重任，临行前领导叮嘱再三："注意保密"，所以屡屡顾左右而言他。张先生见状，也没再问。

送走张先生后，老吴越想越觉蹊跷："这姓张的怎么会知道我来呢？他的出现如此突兀，其中会不会有诈？"他马上找来了代表团团长商议此事，两人密谈了很久，确认了老吴的怀疑，这张某人可能是竞争对手派来刺探我方标底的。于是两人商议了应对之策。

第二天，张先生又来拜访，并带来了一大堆礼物，从黄金首饰到家电的国内提货单应有尽有。老吴着实客气了一番，最后盛情难却，老吴还特意跑去请来团长，当着张先生的面请示可不可以接受赠礼，团长说："这是你的私事，组织上并不干涉。"顿一顿，团长好像记起什么似的，对老吴说："对了，待会开会讨论，你把我们的资料拿出来吧。"说完就走了。

老吴这才答应收下张先生的礼物，并请他稍等，自己回卧室拿出一个文件夹，笑着说："又没时间跟你长谈了，你这么客气，不知该怎么谢你呀。"正说着，有人进来喊老吴："吴工，总厂长途。"老吴对张先生道声歉，就走出房间。张先生暗道一声"天助我也"，迅速跳起来翻看老吴的文件夹，并用微型摄影机拍了照。 等老吴回来，文件夹好像并没有动过一样，张先生跟老吴打声招呼就走了。

到开标那天，日方按照张某人带来的情报，估计中方的工程造价为3000万美元，便把标底定为2500万。 谁知评审团宣布，中方标底仅为2100万，为最低标价，工程由中方中标。 日方目瞪口呆，这才知道中方故意泄露了一份假情报，引他们上当。 老吴和团长会意一笑："这叫'以其人之道，还治其人之身'。"

当发现对方派来商业间谍来刺探自己的情报时，按照常规思维，当然是一定要保护好自己的标底，不能让对方发现。而在上面这个案例中，中方代表团却逆向思维，故意把假标底透漏给对方，使对方陷入自己所布下的迷阵之中。

在日常生活中，以毒攻毒的主要表现为"反诘"，多用在唇枪舌剑之中，常常能够使自己摆脱尴尬，让对手无言以对。

里根在竞选美国总统时，与对手蒙代尔进行电视辩论。在辩论当中，蒙代尔连连发动进攻，他说："里根年纪大了，担任总统是不合适的。"

对此，里根反击他说："蒙代尔说我年龄大，但是，我不会把对手的年轻、不成熟这一类的字眼强栽在他的头上，或者是在竞选中加以利用。"

一番话说得听众哈哈大笑，就在这笑声中，美国选民接纳了里根。

英国原首相威尔逊几年前参加竞选的时候，有一回他的演说刚刚进行了一半，一个捣蛋分子高声打断了他的话："狗屎！ 垃圾！"

显然，这个人的意思是说他在"胡说八道"。

可是，威尔逊并没有从正面去反驳他，而是报以宽容的一笑："这位先生，我马上就要谈到您提出的脏乱差问题了。"这个捣蛋分子一下子张口结舌说不出话了。

有一次，已任总统的林肯正在演讲，一位先生递上来一张纸条，林肯打开纸条一看，上面只有两个字——"傻瓜"。 林肯手举纸条，平静地说："本总统收到过许多匿名信，全都只有正文，不见署名。 而今天正好相反，刚才那位先生只署了自己的名字，却忘了给我写信。"

文学大家不仅在维护自己的尊严方面以反诘武器还击对方，就是在他们的作品中也不乏这方面的精彩片断。 著名的漫画家张乐平画过著名的连环画《三毛流浪记》，里面有一则小故事：

一个贵妇人牵着一条小狗在街上闲逛，恰好遇上了饥寒交迫的流浪儿三毛。

这位贵妇人闲得发慌，见到小三毛以后，想要嘲笑他一番，就说："孩子，只要你叫我的小狗三声爸爸，我就给你三块大洋。"

三毛看了看这妇人，好像很听话似的对着小狗叫了三声"爸爸"，这女人在众目睽睽之下，只好把钱给了三毛。 可是出人意料的是，三毛接过钱以后，却又向这女人深深地鞠了一躬，好像很感谢的模样道："谢谢你，妈妈！"

达尔文被邀赴宴。宴会上，他恰好和一位年轻美貌的女士并排坐在一起。"达尔文先生，"坐在旁边的这位美人带着戏谑的口吻向科学家提出疑问，"听说你断言，人类是由猴子变来的，我也是属于你的论断之列吗？""那当然！"达尔文看了她一眼，彬彬有礼地答道，"不过，您不是由普通猴子变来的，而是由长得非常迷人的猴子变来的。"

一位牧师同一位黑人领袖相遇。黑人领袖向牧师提到黑人解放事业，牧师很是不屑一顾，并向黑人领袖提出诘难：

"先生既有志于黑人解放，非洲的黑人多，何不去非洲？"

黑人领袖马上反驳："阁下整日辛劳，有志于灵魂的拯救，地狱灵魂多，何不去地狱？"

牧师无言以对。

有个丹麦小男孩到一家面包店去买一个1元钱的面包。他觉得这块面包比往常买的要小得多，便对老板说："这次的面包怎么这么小呢？"

老板觉着小孩好欺，便糊弄说："哦，没关系，小一些你不更好拿吗？"

"哦，我懂了。"小男孩说着便把5角钱放在柜台上，一边吃着面包一边走出了店门。

老板一见急了，冲着小孩喊："喂，小孩，你还没付够钱呢！"

小男孩有礼貌地笑了："哦，没关系，少一些，你数起来更容易。"

日本一位著名的女作家在少女时代写过一篇反映男女爱情的小说，小说情节十分生动，打动了成千上万名少女少男的心，曾经在日本轰动一时。

可是，有一位批评家却毫不客气地说："这位作家如此年轻，她怎么能够写出如此大胆而复杂的爱情故事？"言下之意，她的生活作风有问题。

这位女作家立即撰文反驳道："按这位可敬的批评家的说法，那些描写犯罪的作家，必须当过强盗；描写皇宫生活的，就一定要当过皇帝了。"

此言一出，评论家再也无话可说了。

英国诗人乔治·莫瑞出身低微，是一位木匠的儿子。但他却从不隐讳自己的出身，且凭自己的才华赢得了当时英国上层社会的尊重。

一天，一个纨绔子弟与他在一个文艺沙龙相遇，见诗人侃侃而谈，便妒火中烧，意欲中伤。他故意当着众人的面高声嚷道："对不起，听说阁下的父亲是位木匠，对吗？"

诗人回答："是的。"

纨绔子弟又说："那你父亲为什么没有把你培养成木匠呢？"

诗人微笑着反问道："对不起，阁下的父亲想必是位绅士喽？"

纨绔子弟傲气十足地回答："是的！"

诗人又反问道："那你父亲怎么没有把你培养成一位绅

士呢?"

　　将对方的矛,原封不动地拿来,再原封不动地投向对方,让对方辱人反辱自己,哭笑不得。 这就是"以其人之道,还治其人之身"的妙处。

# 以退为进，退一步是为了进两步

进取与退避是相互交替和相互转化的，只退不进自然不会成功。 但只进不退也绝非智者所为。 进取和退避是矛盾的统一。 在逆向思维的过程中，为积蓄力量、创造条件，以俟时机成熟时再向前推进，达到最终解决问题的目的，需思考先采取某种与自己的愿望或利益相抵触的做法，即有所"让步"或"后退"。 以退为进是说以后退作为前进的手段。

1942 年，德军入侵苏联以后，为了切断苏军的交通运输线，他们在连接斯大林格勒和内地的铁路线的上空出动了大批轰炸机，不间断地进行狂轰滥炸。 这样一来，斯大林格勒附近的进出站内的火车都无法运行，全部滞留在站内，形成了严重的堵塞，而前线急需的物资也一时无法运出。

面对这种局面，苏军指挥员心急如焚，千方百计加强对空的炮火力量，可这种被动的方法收效甚微。

后来，一位名叫拉宾的车站军代表来到现场进行调查研究。 他发现，德军轰炸机的目标，只是针对开往前线的列车，而对向内地开的列车几乎不大去管。经过进一步的观察，他又发现，德国的飞行员是根据列车机头的位置来判断列车运行的方向的。

于是，这位军代表想出了一个非常简单而又很管用的方法：将所有开往前线的列车都进行了"改造"——机头挂在列车的尾部，让机头推着列车前进。

结果和预计的一样，这种"推"向前线的列车果真没有再受到德军飞机的轰炸，一批批急需的作战物质源源不断地运到了前线。

以退为进中的"退"和"进"，其含义是广泛的。它不仅用于军事上的进攻与防守，也常常用于其他社会活动的方方面面。以退为进也可以解释为欲进先退、以退求进，都是指在条件或力量还不具备时，可先暂时采取某种保守、妥协甚至自我惩罚的姿态与做法，在保守、妥协中积蓄力量，等待时机，再发动攻势。这如同一个人先将拳头向后缩，然后才有力地挥拳出击一样。

马嘉鱼很漂亮，银肤燕尾大眼睛，平时生活于深海中，春夏之前溯流产卵，随着海潮浮到浅水面。渔人捕捉马嘉鱼的方法很简单：用一张十寸见方、孔目粗疏的竹帘，下端系上铁坠，放入水中，由两只小艇拖着，拦截鱼群。马嘉鱼的"个性"很强，不爱转弯，即使触入罗网中也不会停止。所以一只只前赴后继钻入帘孔中，帘孔随之紧缩。孔愈紧，马嘉鱼愈被激怒，瞪起明眸，张开脊鳍，更加拼命往前冲，终于被牢牢卡死，为渔人所获。

马嘉鱼的悲哀就在于它不懂生存的进退之道。做人也是如此，面对现实要灵活，千万不要一根筋，认准一条道走到底，有时，退一步也许是你最明智的选择。

有这样一个例子：

文种是勾践的重臣，为打败吴国立下了汗马功劳。他功成名就以后，仍然继续仕于越王。其间范蠡曾写给他一封信说：

"飞鸟尽，良弓藏；狡兔死，走狗烹。越王的长相，颈项细长如鹤，嘴唇尖突像乌鸦，这种人只可以与他共患难，却不能同享乐，你现在不离去，更待何时？"

后来文种也称病返乡，但做得不如范蠡退隐彻底。他留在越国，其名仍威慑朝野，于是佞臣陷害于他，诬称文种欲起兵作乱。越王也有"走狗烹"之意，故而以谋反罪将文种杀死。

只知进，不知退，久居高位，遭"文种之祸"者，又何止一人？此等人最大的弱点是心中始终有个小聪明，误以为还能"收获名利"。可见，能进也能退，是多么重要。

说客出身的范雎任秦国宰相，以"远交近攻"的策略，使秦国军事力量日益强大，为秦的发展，做出了很大贡献。

可是到了晚年，他却出现重大失误——他推荐的将军带领两万将士投降了敌人。投降乃是"株连九族"之罪，推荐者也难辞其咎。范雎虽深得秦王信任而免于一死，但他心中一直忐忑不安。这时他的一位属吏蔡泽劝慰道："逸书里有'成功之下必不久处'之说，你何不趁此时辞去宰相之职呢？这样你不仅可保伯夷般清廉的名声，又可享赤松子（传说中的仙人）般长寿！若还眷恋宰相之位，日后必招致祸害！请您三思。"

范睢听完大悟。 于是请奏辞职并荐蔡泽为相。

其实，无论在哪个领域，多种势力在接触与较量的时候，进取固然重要，但在很多情况下，屈与不争更为必要。 也就是说，有时候要忍辱负重，有时候要走为上计，这样才能保全自己，甚至保全与自己相关的许多人与物。

下面，我们来看看曾国藩的进退手段。

众所周知，湘军是曾国藩一手缔造的，它与当时清政府的军队完全不同。 清政府的八旗兵和绿营兵皆由政府编练，遇到战事，清廷便调遣将领，统兵出征，事毕，军权缴回。 湘军则不然，其士兵皆由各哨官亲自选募，哨官则由营官亲自选募，而营官都是曾国藩的亲朋好友、同学、同乡、门生等。由此可见，这支湘军实际上是"兵为将有"，从士兵到营官所有的人都绝对服从于曾国藩一人。 这样一支具有浓烈的封建个人隶属关系的军队，包括清政府在内的任何别的团体或个人要调遣它，是相当困难，甚至是不可能的！

湘军成立后，首先把攻击的矛头指向太平军。 在曾国藩的指挥下，湘军依仗洋枪洋炮攻占了太平天国的部分地区。为了尽快将太平天国的起义镇压下去，在清朝正规军无能为力的情况下，清廷任命曾国藩统帅江苏、安徽、江西、浙江四省的军务，这四个省的巡抚（相当于省长）、提督（相当于省军区司令）以下的文武官员，皆归曾国藩节制。 自从有清以来，汉族人获得的官僚权力，最多是辖制两三个省，因此曾国藩是有清以来汉族官僚获得的最大权力的人。

对此，曾国藩并没有洋洋自得，也不敢过于高兴。 他头脑非常清醒，时时怀着戒惧之心，居安思危，审时韬晦。

后来，太平天国起义被镇压下去之后，曾国藩因为作战有功，被封为毅勇侯。这对曾国藩来说，真可谓功成名就。但是，曾国藩此时并未感到春风得意。相反，他却感到十分惶恐，更加谨慎。他在这个时候想得更多的不是如何欣赏自己的成绩和名利，而是担心功高招忌，恐遭狡兔死、走狗烹的厄运。他想起了在中国历史上曾有许多身居权要的重臣，因为不懂得功成身退而身败名裂。

他写信给其弟曾国荃，嘱劝其将来遇有机缘，尽快抽身引退，方可"善始善终"。曾国藩叫他弟弟认真回忆一下湘军攻陷天京后是如何渡过一次次政治危机的。湘军进了天京城后，大肆洗劫，城内金银财宝，其弟曾国荃抢的最多。左宗棠等人据此曾上奏弹劾曾国藩兄弟吞没财宝罪，清廷本想追查，但曾国藩很知趣，进城后，怕功高震主，树大招风，急办了三件事：一是盖贡院，当年就举行分试，提拔江南人士；二是建造南京旗兵营房，请北京的闲散旗兵南来驻防，并发给全饷；三是裁撤湘军四万人，以示自己并不是在谋取权势。这三件事一办，立即缓和了多方面的矛盾，原来准备弹劾他的人都不上奏弹劾了，清廷也只好不再追究。

他又上折给清廷，说湘军成立和打仗的时间很长了，难免沾染上旧军队的恶习，且无昔日之生气，奏请将自己一手编练的湘军裁汰遣散。曾国藩想以此来向皇帝和朝廷表示：我曾某人无意拥军自重，不是个谋私利的野心家，是位忠于清廷的卫士。曾国藩的考虑是很周到的，他在奏折中虽然请求遣散湘军，但对他个人的去留问题却是只字不提。因为他知道，如果自己在奏折中说要求留在朝廷效力，必将有贪权之疑；如果在奏折中明确请求解职而回归故里，那么会产生多方面的猜疑，既有可能给清廷以他不愿继续为朝廷效力尽忠的印象，同时也有可能被许多湘军将领奉为领袖而招致清廷猜忌。

其实，太平天国被镇压下去之后，清廷就准备解决曾国藩的问题。因为他拥有朝廷不能调动的那么强大的一支军队，对清廷是一个潜在危险。清廷的大臣们是不会放过这个问题的。如果完全按照清廷的办法去解决，不仅湘军保不住，曾国藩的地位肯定也保不住。

正在朝廷琢磨如何解决这个问题时，曾国藩的主动请求，正中统治者们的下怀，于是下令遣散了大部分湘军。由于这个问题是曾国藩主动提出来的，因此在对待曾国藩个人时，仍然委任他为清政府的两江总督。这其实也正是曾国藩自己要达到的目的，他以退为进换来了更多的利益。在中国的历史上，曾国藩也是最著名的善于运用进退智谋的高手之一。

由此可见，在必要的时候，退一步比进一步更重要，因为你可以重新发现一条生活的出路，也许更容易达到目标。

与上面这些例子相比，商战中的以退为进，并不是那么明显，其表现形式要隐蔽些。有这样一个故事：

一条街上的相隔不远处，开了三家规模、实力大致相仿的绸布店。当时正值市面上非常清淡，王家的绸布店首先挂出了"蚀本大甩卖"的招牌，一时间顾客盈门。对门的李家也不甘落后，立即降低了价格。稍远一点的周家就这样被这两家抢走了所有的顾客，迫不得已也只能"降价酬宾"。

但是，过了没多久，王、李两家又竞相压价。周老板此时心生一计：他放出风来说自己赔得太多了，再也不能支持下去，只好关门停业。 这样一来，王、李两家更是非要一决雌雄不可，他们不惜血本把价格大降特降。

果然，他们的生意出奇地好起来，顾客们不光买的人多，有的甚至成捆成捆地买。 等到王、李两家的店被掏空的时候，他们的本钱也差不多赔光了。 这时他们才发现，许多顾客都是被周老板请来，专门买他们店里的东西。 就这样，王、李两家，一家倒闭，一家成了周老板的分店，他们两家争夺的结果是落得两败俱伤，只有周老板从中得到大利。

# 有无相生，虚实真假常变换

《老子》："天下万物生于有，有生于无。"这里的"无"不是绝对的虚无，而是指"道"，是一个哲学命题。 在正向思维过程中，人们常无法看到深藏在事物之内的实质，只能看到事物的表面特征及其外部联系。 在这种思维过程中，有就是有，无就是无，虚就是虚，实就是实，真就是真，假就是假……但是，通过逆向思维，有无、虚实、真假是可以互相变换、相互转化的，有无相生、虚实变换可以让你在解决问题时更轻松。

那么，如何才能够灵活地运用有无相生、虚实兼施呢？这就要求我们应打破常规的思维模式的禁锢，用违反常规却又切合实际的方法及时地调整做事的方法。

《三十六计》将"无中生有"作为第七计，使它成为"敌战计"之一："诳也，非诳也，实其所诳也。 少阴、太阴、大阳。"意思是说，虽然使用假象骗敌，但又不仅是以假混真，而是由虚变实，从无到有。 利用对方已经产生的错觉、假象，反而能掩护真相。此计的"按语"解释说："无而示有，诳也。诳不可久而易觉，故无不可以终无。无中生有，则由诳而真、由虚而实矣。无不可以败敌，生有则败敌矣。"这也就是说，无中示有，是一种骗局，但是骗局容易被识破而不能长久，因而不能始终非有。要弄假成真，由虚转实。所以，用无，不能击败敌人；变为有时，就能使敌受挫。总之，虚虚实实，真真假假，让敌人摸不着头脑，我则在秘密谋划中乘机达到自己的目的。

北魏泰安二年（532 年），控制北魏朝政的尔朱兆被部将高欢起兵击败，率领一部分人马，逃往秀容。高欢另立一个皇帝后，自己做了丞相，便亲自率领大军进驻晋阳，准备征讨尔朱兆。

尔朱兆逃到秀容，立即整顿兵马，聚草屯粮，把守隘关，准备抵御高欢的进攻。

一日，探马来报："高欢离开晋阳，正朝隘关方向开进！"尔朱兆立即布置兵马，严阵以待。可是，过了数日，仍不见高欢军队的影子。

过了十几日，探马又报："高欢领兵进军隘关！"尔朱兆马上令士兵做好战斗准备，但全军上下忙了半天，仍同上次一样，高欢的军队又撤走了。

就这样，隔不了几日总有高欢进兵的消息传来，结果总是虚惊一场。多次折腾后，尔朱兆及其部下都对高欢进攻的消息将信将疑了。

但是，又过了几日，探马又来报告了高欢进兵的消息。尔朱兆分析：高欢三番五次地这样搞，可能是为了对付关中和朝廷内部的反对势力，因此故意用虚张声势的办法来以攻代守，使其不受侵扰。于是，他就逐渐放松了戒备。

高欢通过间谍了解到，尔朱兆经过前面的四五次折腾，已经放松了警惕，便断定真正进军的时机已到。

第二年正月初一，尔朱兆正和部将们在妻妾的陪伴下饮酒作乐时，突然火炮震天，杀声四起。尔朱兆一问方知，高欢的军队这次真的冲杀进来了。

尔朱兆连忙起身，命令部队御敌。可是，军营中的士兵人不及马，马不及鞍，将军们也都烂醉如泥，根本无法同敌人厮杀。相反，高欢的军队左冲右杀，如虎入羊群，锐不可当。尔朱兆眼见大势已去，便上吊自尽了。

高欢无中生有，欺骗尔朱兆放松戒备，终于获得了胜利。

有一次，我国有位外贸人员在同某国裘皮商人谈判。休息时，外国商人递给这位外贸人员一支香烟，搭讪着问道："今年中国的黄狼皮比去年好吧？"

"不错！"外贸人员随口答道。

"如果我想买二十万张，不成问题吧？"

"当然没问题。"

于是，外国裘皮商人便主动递上了五万张稳盘定单，价格比原来的方案高百分之五。

正当我国外贸人员为自己已经卖到了好价钱而举杯庆幸时，这个裘皮商人却在国际市场上以低于我国的价格，大量抛售黄狼皮。

原来，这个裘皮商人有一批存货想出手，便先用高价稳住我们，当抬起我国黄狼皮的价格之后，立即悄悄地按原价顺利甩出了全部存货。 而我国在国际市场上报出的黄狼皮的价格比别人的高，因此被别人全部给顶了回来。

我国外贸人员由于太老实，中了外商的"无中生有"之计。

为了增加经济收益，日本人曾不惜采用"无中生有"的办法发展被称作"无烟工业"的旅游工业。 地处日本偏僻地区的伊那镇，便依靠此招大发其财。

伊那镇本是一个旅游资源贫乏的地方，但当地政府为了聚财，硬要人为地"创造一个古迹"。 他们派出大队人马，四处了解民风民俗，经过几个月的折腾，好不容易才搜集到了关于侠客勘太郎的民间故事。 尽管这是一个子虚乌有的神话，但主管部门却借题发挥，大做文章。

于是过了不久，伊那镇火车站广场上，奇迹般树立起一座勘太郎的铜像。 在书店里，人们惊奇地发现了许多描写勘太郎侠骨仁心、扶危济困的故事书。 在旅游品店里，突然冒出了勘太郎木雕、勘太郎腰带、勘太郎兵器等新玩意，甚至在街头到处传唱着勘太郎的歌曲。

经过如此这般的刻意经营，勘太郎竟被捧为家喻户晓的盖世英雄，而勘太郎的诞生地伊那镇，自然也随之吃香起来，成了闻名遐迩的观光胜地。

公元前 666 年，楚国的宰相公子元亲自带领一支有兵车六百乘的部队，气势汹汹地去攻打郑国。 楚国的大军一路接连打下了郑国的好几座城池，眼看已到了郑国的国都城下。 当时郑国的兵力比较少，都城里面更是极为空虚，按力量的对比，根本无法抵挡楚国的侵犯。

此时，郑国已是危在且夕，群臣们十分慌乱，有的主张纳金讲和，有的主张拼死一战，也有的主张先固守，等待救兵来援。究竟哪种方案能够暂解郑国之危，一时间众说纷纭。

这时，上卿叔詹说道："当前的形势非常紧迫，因此决战与请和都不是良策，事至如今，固守倒是可取方案。我国与齐国有盟约，如今有难，齐国一定会派兵前来解围的。但是，只是空谈固守，也恐是很难守住的。公子元此人急于贪功求成，同时，又特别害怕失败。我这里有一计，可以退却楚军。"接着，叔詹如此这般地说了出来。众臣一听，都认为此计可行。

于是，郑国按照叔詹的计策，在城内做了安排，命令城里的士兵全部埋伏起来，不让敌人看见一兵一卒，而街面上的店铺照常开门，老百姓来来往往一如平常，大家都不准有任何慌张的模样。而且，城门大开，摆出了一副完全不设防的样子。

楚军的先头部队到了郑国都城城下，一见此情景，很是奇怪，不由得起了疑心：莫不是郑国故意设下埋伏，引诱我们上当中计？因此也不敢再行动了，等待着公子元的到来。公子元赶到城下，他也觉得这事太奇怪了，他到了城外的一个高处，仔细观察，发现城中的确是空虚的，但他同时又隐隐约约地看到了郑国的旌旗和甲士。这时候，公子元认定，郑国一定是事先设下了埋伏，引诱他公子元上钩。于是，他再也不敢贸然地进攻，先派了探子潜入城内探探虚实。

这时候，齐国已得到了郑国的求援信，立即联合了鲁国、宋国发兵前来救援。公子元在这犹豫之间，早已失去了最佳的进攻良机，闻报三国前来，楚国一定不可能获胜。 好在他已打了几个胜仗，心想如今还是早点撤回为妙，便下令全军连夜撤退。 为了防止郑国的军队出城追击，他还命士兵们口衔枚、马裹蹄，不出一点声响，所有的营寨都不拆去，旌旗照样在空中飘扬。

第二天，叔詹登上了城墙向外一看，笑道："楚军已撤走了。"众人见楚军的营内仍是旌旗招展，都不相信。 叔詹说："如果军营中有人，上空如何能有这么多的鸟儿？ 真没想到，我设下空城计吓退了他，他却也用空城计蒙我……"

这出敌我双方都使用的空城计，是我国历史上的第一出空城计的成功战例。 这也是虚而虚之这种逆向思维的表现形式。 以虚的形式故意显现他的虚，对方反会以为是实，这是在迫不得已的情形下所采取的对敌计谋。 当强大的敌人大兵压境之时，我方本来是空虚，却将自己的空虚向敌人敞开，敌人反而会认为我方早有准备，迟疑不前。 不过，这是最具风险的谋略，只有尽快地由虚变实，或者是积极地调动哪怕是仅有的一点积极因素，才能化险为夷、渡过难关。 诸葛亮的"空城计"就不单是冒险，而是在弄险之中缜密地安排了保险的措施。 诸葛亮在布置大开城门、焚香抚琴、洒扫迎敌之前，已经将身边仅有的三千精兵埋伏在山后，等待司马懿退兵的时候故作声势、鼓噪而出，以加强司马懿"必有埋伏"的疑心，使敌人跑得更远，他们也就能更加安全地撤离。 否则，一定也会被足智多谋的司马懿看出破绽，诸葛亮仍然难逃被捉的下场。 除此之外，诸葛亮事先派张翼修剑阁，准备自己的退路，而且还命令马岱、姜维断后，以防止追兵。 由此可见，诸葛亮在虚的冒险中，还做了非常精确的实力部署。

但是，最能够体现逆向思维的，还是虚实兼施的手段。虚实兼施就是实中有虚、虚中有实，根据对象，按时间、地点的不同，采取虚实相间的计谋，就如同《老子》中所说的："玄之又玄，众妙之门。"非常玄妙，令人难以理解。

楚庄王平定斗越椒的反叛时，设了假退兵之计，引诱斗越椒追至清河桥。过桥后斗越椒知道中计，准备退回的时候，可桥竟被楚庄王撤掉，截断了他的退路。楚将乐伯在河对面高喊："斗越椒，还不快快投降！"

斗越椒命令隔河射箭。这时候，楚军中有一员小将姓养名由基，尤以精通射箭，被军中称之为"神射手养叔"。养叔对斗越椒道："这条河太宽，一般弓箭手怎么能够射过来？听说你擅长射箭，我愿意同你比试一下箭术高低，我们各自站在桥墩之上，互射三箭，生死由命。"

斗越椒认为对方是一个无名之辈，自然不把他放在眼里，立即就同意了。只见二人各自立于桥墩之上，养叔让斗越椒先射三箭。斗越椒第一支箭射过来，果然来势劲猛，养叔用弓轻轻地一挡，箭就落到了河中。斗越椒的第二支箭从正面门射过来，果真凶险，却见养叔身子一蹲，这支箭从头顶上飞了过去。斗越椒急了，大声喊道："不许躲避，躲避就不是好汉！"养叔说："你这一箭，我一定不会再躲。"谁知话音刚落，第三支箭已经到了面前，养叔一抬手就将箭抓在手中。接着喊道："大丈夫言而有信，不得逃走，看箭！"斗越椒见自己的三支箭都没有能够射中养叔，心中早已慌张。这时候，听到弓箭一响，连忙向左边一躲，却不见箭来。原来，养叔只是弹了一下弓，并没有放箭。 养叔笑道："你不必慌张，箭还在我的手中，不是讲过躲不是好汉，为什么要躲？"接着。 又虚弹一弓。 斗越椒听到响声，又急忙向右面一躲，这时候，养叔眼明手快，看准了闪向右边的斗越椒，只一箭就射中了他的脑门。 斗越椒一声也没吭，就倒毙在了桥头上。这时，斗越椒的士兵见主帅已死，只好纷纷投降。

　　斗越椒确以善射著称，当三支箭都未能射中养叔，注意力必然转移到如何躲避对手的三支箭上。 可是，他对养叔虚发的两支箭毫无思想准备，更没有预料到养叔虚发箭是为了创造对他最后一支箭的闪之不能再闪的有利条件。 养叔也正是预见到了斗越椒的思维习惯，才采取了迷惑对方的技巧，结果一箭中的。 养叔的成功也说明了逆向思维的思维品质是运用"虚实兼施"的心战智谋的必备条件。

第三章

# 换个角度换种心态：逆向思维能带来快乐

❯❯

换个角度思考，会让人产生不同的心态，不同的心态又会决定你不同的情绪。当你心里郁闷、情绪消极时，不妨换个角度思考，会给你带来快乐与慰藉。

## 得与失的辩证法

　　金钱、名誉、地位、亲情、友情、爱情……这些东西人们都想得到，不想失去。而实际上，对于生活当中的"得"与"失"都是相对而言的，每个人都必须辩证地去看待这个问题，凡事都在得和失之间同时存在，这是一对相对立的关系，也是永远相联系的一对关系。在你认为得到的同时，其实在另外一方面肯定会有一些东西失去，而在失去的同时，也一定会有一些你意想不到的收获。

　　在现实生活当中，我们做任何事情都会不自觉地考虑其最终的结果会是什么，是得到的多失去的少呢还是与之相反？！

　　鉴于每个人对生活、人生、幸福、得失的不同理解，也就会有衡量得失的不同尺度，无论大家的衡量标准如何，有一点却是相同的，即得到的最好是能多过失去的。

　　一个成功商人说："对于朋友而言，如果太计较个人的得失，他（她）将很难有真正的好朋友或是知己，作为一个商人，如果太计较眼前的金钱或是利益的得失，他（她）就很难真正地、长久地成为一个成功的人。"他还说："我做生意，常常会把一些跟我的生意不相干的业务介绍给我的客户，或是把因为我自己太忙做不完的业务给我的同行去做，这样在别人看来很傻，哪有把自己的生意让给自己的竞争对手做的？ 可是，他们却不知道当我在帮别人时，当我看似失去了赚更多钱的机会时，我其实是在帮自己，一旦得到过我帮助的客户有了一笔跟他不相干却对我生意有利的业务时，他就会把这笔生意介绍给我来做；一旦我的同行也有做不完的业务而我却没有业务时，他同样想到我曾经帮过他，这回他也会帮我一把，所以把做不完的业务让给我而不是别人。 这就是所谓的'种瓜得瓜，种豆得豆'了……"这看似很平常的一番话却体现出这位商人是多么的有智慧，他的成功正是在于他懂得怎么样衡量得和失。

其实，得和失是相辅相成的，任何事情都会有正反两个方面，也就是说凡事都在得和失之间同时存在。

做人也是一样。 大家有缘相识相交，本来就是很难得的缘分了，只要大家合得来，在一起相处得很开心，那么就不必太计较自己是不是付出太多而得到太少，我宁可别人欠我而绝不愿意自己亏欠别人。 就算是真的付出太多而得到太少，最起码我心里坦然，况且有许多表面上看起来是得到的，可是说不定也正是失去另外一些东西的前因呢。

得和失永远并存，这是一对永远也分不开的亲兄弟，关键是你如何把握机会，如何正确看待得和失这一辩证关系，让自己在失去的同时得到更多的好东西。

"名与身孰亲？ 身与货孰多？ 得与亡孰病？ 是故甚爱

必大费，多藏必厚亡。故知足不辱，知止不殆，可以长久。"这句话是老子说的，讲的是人的一生之中，名誉、名声和生命究竟是哪个更重要一些呢？自身与财物相比，哪个是第一位呢？得到名利地位与丧失生命相比，哪一个是真正的得到，哪一个又是真正的丧失呢？因此过分追求名利地位就会付出很大的代价，耗费掉你庞大的储藏，一旦有变则必然就会损失巨大。对于追求名利、地位，要做到适可而止，否则会使你受到屈辱，从而丧失了你一生中最为宝贵的东西。

老子的话很具辩证思想，它告诉我们应该站在一个什么样的立场去对待得失。可能一个人能够做到虚怀若谷、大智若愚，但是事事吃亏，总觉得自己遭受损失，再也不肯忍气吞声，一定要分辩个明明白白，其最终朋友、同事之间是非难以定断，自己惹了一身闲气，而对于自己所想得到的照样没有得到，这是失的多还是得的多呢？

春秋战国时期，大教育家孔子的弟子宓子贱"舍麦子"的故事可谓是家喻户晓：在齐国即将进攻鲁国的时候，宓子贱正在做单父宰，正值麦收季节，大片的麦子已经成熟了，不久就能收割入库了，可是战争一来，麦子就会让齐国抢走。许多人建议他赶在齐国军队到来之前，让老百姓去抢收，不管是谁种的，谁抢收了就归谁所有，是所谓"肥水不流外人田"。尽管乡亲父老再三请求，然而宓子贱坚决不同意这种做法。没过多久，齐军到来之后就把单父地区的小麦全部抢空。

后来，为了这件事情，许多父老埋怨宓子贱，当时鲁国的贵族季孙氏也非常愤怒，派人向宓子贱兴师问罪。宓子贱则说道：今年没有麦子，明年我们可以再种，如果让老百姓去抢麦子，那些不种麦子的人不劳而获，从中得到好处，如此一来，那些趁火打劫的人在以后每年便会期盼着敌国入侵，这样民风就会变得越来越坏，难道不是吗？

宓子贱"舍麦子"自有其得失观，他之所以拒绝了老百姓的劝谏，让入侵的齐军抢走麦子，是认为失掉的是有其形的粮食，而让老百姓存有侥幸得财得利的心理才是无形的，是长远的损失。

要想采集到一束清新而美丽的鲜花，就必须要放弃令人喧嚣的都市；要想争做优秀的登山运动员，就要失去娇嫩的皮肤；要想倾听永远的喝彩，就要放弃眼前的虚荣；要想品味自己的人生，就要做到善于品味自己人生当中的得与失，理性地去对待眼前的得与失。

漫漫人生路，世间的万事万物全都徘徊在得与失之间。在万紫千红的春天悄然离开的时候，接踵而至的便是繁花似锦的盛夏；引人无限遐想的满天繁星隐退时，迎来的是曙光里的黎明。为国捐躯，失去宝贵的生命，却留取丹心照汗青；苟且偷生，出卖气节的人，却是身后骂名滚滚来。失去如财富般宝贵的时间，如果得到的是丰富的人生经验与知识，那么是失有所得。反之亦然。

法国的一个偏僻小镇上，据传说有一眼特别灵验的泉水，常有神迹出现，能够医治好很多种疾病。

有一天，一个失去了一条腿的退伍军人拄着拐杖，一跛一跛地走过镇上的马路。小镇上有人用同情的口吻说："可怜的家伙，难道他来这里，是要向上帝祈求再有一条腿吗？"

这话被退伍军人听到了。他转过身对那些人说："我并非是要向上帝祈求有一条新腿，而是要他帮助我，让我在失去一条腿后，也知道如何去面对眼前的生活。"

得到固然令人欣喜，然而一旦失去也并不可怕。为所失去的感恩，也接纳失去的事实，能够做到正确的取舍，知道自己真正想要的是什么，并获取它，那才是完美的事情。当人们失败的时候，可能会有一件令人意想不到的收获出现。芳心虽然容易憔悴，然而灵魂却仍然坚强。

"冬天从这里夺走的，春天会交还给你。"这是海涅所说过的话。我们人生的航船在波涛汹涌的大海上航行，我们在布满荆棘的大道上前行，都要理性对待、分析，得失都不要影响自己的行程，始终坚信不经一番寒彻骨，难得梅花扑鼻香，只有乘风破浪，才能直挂云帆济沧海。

得与失虽是一对孪生兄弟，却有着截然不同的性格。我们要真诚地去了解它，理性地去对待它，生活之舟就一定能够扬帆远航，驶向理想的彼岸。

人生的一切并不是自身所能够完全控制掌握的，因此，人生中一时的得与失并不是那么重要。生命是短暂的，而生活的路是坎坷的，每个人都必然面对生命历程中不时出现的艰难困苦，面对生命里的得与失。

如何看待得与失，其关键在于个人的心态，在于如何对待得失，如何看待得失。在有些时候，失就是得，得亦为失。

人生最重要的是要能够做到轻松身心。上路的时候带太多东西就可能会累倒，累倒了，除了想休息之外还可能会对什么感兴趣呢？

很多人都希望有一个好的结果，但往往未能如愿。所以最重要的是做到享受过程，善待结果。大多数"成功人士"往往都钟爱回味过程，功成名就后细说当年辛苦事。因为真正的动人之处，也可以说是大跨步的飞跃，是在过程中的体现。只有经过一个又一个过程，才有了丰富多彩的人生体验。一时的得失并不能说明什么。

成功到底是做给旁人看的，还是自己身心的一种心理体验？可谓是仁者见仁，智者见智。不论如何，确定目标，坚持不懈，勇往直前做自己真正想做的，自己真正能做的，那么你就有可能成功。

生活就如同是一门艺术，需要我们用心好好地经营，其真谛就是要能够懂得正确取舍。一个人凡事都能做到收放自如、游刃有余，就不失为快乐的人生。因为人生本就是充满着各种矛盾，根本不可能尽善尽美，即便你一生不懈地努力工作，到了生命终结的时候你也拿不走尘世的一针一线。

生活在有些时候就好像一首诗，总是充满了乐趣与美好。人生的遗憾之一，就是不能感觉到生活的美好，而只有在回首往事的时候才能真正咀嚼出其中的滋味。一些平常的人之所以不能有伟大的成就，就是不能正确地看待人生中的得与失，凡事总是患得患失，而不能有效地抓住生活的一分一秒，创造出它应该具有的价值。一个人必须要学会正视人生当中的得与失，该得的你就大大方方地得，该舍弃的你就痛痛快快地舍。

永远不要对人生中的阳光漠然视之，而让一些琐碎无聊的小事浪费了我们宝贵的时间与精力。 对生活要怀有激情、充满信心，把生命最宝贵的时光放在那些对自身有意义的事上，应该集中最大的精力，让生命发出灿烂的光芒。

严格来说，成功与失败都是人生当中所必不可少的经历，失败的经历可以增强一个人承受挫折的能力。 因此，要以逆向思维的眼光去看待人生中的得失，才能适时地调整自己沮丧的情绪，从而从挫折中再次站立起来。

俗话说得好：有得必有失，有失必有得，不得不失，不失不得。 有时，你可能为一时的不如意而恨天怨地，可是，塞翁失马，焉知非福？ 在你失去的同时，转过头来，看看你同时得到了些什么？ 上天的分派必然是公平公正的，在你失掉财富、权力、爱情的同时，你也得到了人生的感悟，明白了生命的真正意义，这难道不是一种收获吗？

与此相反，你青春得意，财产、家势、爱情、事业、前途都一帆风顺，你自己也扬眉吐气，自以为是王者风范时，你同样失去了些什么？ 你目中容不下别人，就不会有朋友；高高在上，就不会有同伴；有钱且有势，就很难获得真正的爱情……在如此的情况下，你能说你是幸福的么？ 你能说你拥有了全世界？

在人生的路上，需要我们在意的应该是人的德行修养和德才培养，而不是一时一事的得与失。 要做到："不以物喜，不以己悲。"不把得失建立在情感取向上。 那么，怎样才能够及时地调整好心态，正确地看待得失，重新鼓起奋进的勇气呢？ 这里面隐藏着一个不断修正人生追求目标的问题。

首先，要能够辩证地去看待得失。 保持心理平衡，其最重要的一点就是要用辩证的思维方式，正确地看待人生得与失。其次，要提高自身认识以求平衡。我们只有不断地调整失衡心态，通过对"付出"与"回报"的价值比较，来寻求恬淡的心理平衡。最后，是要对追求目标做一个正确而又必然的修正。一个人带着梦想走到这个世界上，所追求的必然是多元化的，如果因某些原定目标过高而一时难以达到时，就应当在权衡自己的个人能力、人生机遇等条件，适时地去修正自己人生的追求目标。

对于人生的际遇既有得也有失，生命亦然。很多的人在生命的得失中计较太多，古时帝王将相以药物求长生不老，然而与此相反，近代英雄都知道："我以我血荐轩辕！"那么对于生命的得失上，我们要如何看待呢？《圣经》里告诫我们："我实实在在地告诉你们：一粒种子不落在地里死了，依旧是一粒，若是落在地里死了，就会结出许多粒种子来。爱惜自己生命的，就很有可能会丧失生命；在这世界上对于恨恶自己生命的，就一定要保守生命到终结。"在这里我们很容易就可以体味出很多生命的意义，这段话应该成为我们生活的最终目标，对促进社会进步，不计较成败得失，忘小我、成大我的观点，才是当代人的最高境界。正因为如此，我们才能够数出一个果实中有多少粒种子，可是却无法知道一粒种子能结出多少果实。

《道德经》这本书中说得好：祸往往与福同在，福中往往就潜伏着祸。一时间轻易就得到了不一定就是好事，然而失去了也不一定就是件坏事，我们要正确地看待个人的得失，不患得患失，才能真正有所得。我们不应该为表面的得到而沾沾自喜，认识人，认识事物，都应该要认识到它的根本，得也应该得到真的东西，千万不要为虚假的东西所迷惑。 失去固然可惜，但是也要看一看失去的是什么，如果是由于自身的缺点、问题所造成的，那么这样的失又有什么可值得惋惜的呢？

# 换个眼光看自己

很多人之所以不快乐，就是因为不能换个眼光看自己，整天看到的都是别人是如何如何的优秀而自己有多少缺点与不足。 如果能将眼光转换一下，多看到自己的长处，就不至于使自己陷入失败者的阴影之中，从而郁郁寡欢。

曾有一位女士，在大众的眼里，长得是胖了点，然而却非常的可爱。 她工作非常出色，人缘也很好，年纪并不大，年收入就达到 15 万以上了。 可她就是跟自己过不去，采用各种方法减肥，花去 10 万元不说，可是一点也没有效果。 如今她终于想明白了，若有所悟地说："上帝是公平的，他赐予我胖胖的身体，却在其他方面最大限度地补偿了我。 我发现自己做什么事都很顺，机会运气也很好。"笑容真正地回到了她的脸上，那一刻她发现了自己是多么的迷人。

有一位歌唱家长着一副暴牙，她为此而感到非常的自卑、苦恼，在每一次演唱的时候，总是试图掩盖自己的缺陷，然而却一直没有成功。 直到后来她终于改变了自己的想法，认为暴牙能够转化为独一无二的优势的时候，她大胆地露出了暴牙，用尽全心地去演唱，后来人们为她那极具张力的个性所深深吸引，她终于走向成功。

医学中的"跨栏定律"说的是：每当你自身有某个缺陷的时候，必定会有其他优势会进行补偿，只是需要你去努力发现而已。

世人眼中的缺点是不可改变的，缺点是一个人不可或缺的组成部分，我们应该把更多的时间花在发现自己的优点、长处上。 需要给大家说的是：别人眼中的缺点对你来说可能就是优点，同时你眼中的沙子有可能却是别人眼中的金子呢？ 重要的是你需要一双明亮的眼睛去发现。

因此，我们应该学会为缺点而欢呼，因为缺点未必是缺点，如果真是缺点的话，必有补偿性的优点存在，只要你能够发现它，就一定能够取得更大的成功。

曾经有人说：一个人最大的敌人是自己，最难战胜的人是自己。

让我们试着发现自己，试着重新认识自己，由此我们便会慢慢地喜欢自己，学会欣赏自己。 学会了爱自己，一种内在的力量产生了。

明白这一点后，我们不再以自己的标准要求别人，不再以自己的眼光看待别人，于是我们学会了欣赏别人，发现他们的优点，人际关系自然走向协调，越来越多的人愿意与你合作、生活。

苏格拉底在风烛残年之际，知道自己时日不多了，就想考验和点化一下他那位平时看来很不错的助手。 他把助手叫到床前说："我的蜡所剩不多了，得找另一根蜡接着点下去，你明白我的意思吗？"

"明白，"那位助手赶忙说，"您的思想光辉是得很好地传承下去……"

"可是，"苏格拉底慢悠悠地说，"我需要一位最优秀的传承者，他不但要有相当的智慧，还必须有充分的信心和非凡的勇气……这样的人选直到目前我还未见到，你帮我寻找和发掘一位好吗？"

"好的、好的。"助手很温顺很尊重地说，"我一定竭尽全力地去寻找，以不辜负您的栽培和信任。"

苏格拉底笑了笑，没再说什么。 那位忠诚而勤奋的助手，不辞辛劳地通过各种渠道开始四处寻找了。 可他领来一位又一位，总被苏格拉底一一婉言谢绝了。 有一次，当那位助手再次无功而返地回到苏格拉底病床前时，病入膏肓的苏格拉底硬撑着坐起来，抚着那位助手的肩膀说："真是辛苦你了，不过，你找来的那些人，其实还不如你……"

"我一定加倍努力。"助手言辞恳切地说，"找遍城乡各地、五湖四海，我也要把最优秀的人选挖掘出来举荐给您。"

苏格拉底笑笑，不再说话。 半年之后，苏格拉底眼看就要告别人世，最优秀的人选还是没有眉目。 助手非常惭愧，泪流满面地坐在病床边，语气沉重地说："我真对不起您，令您失望了！"

"失望的是我，对不起的却是你自己。"苏格拉底说到这里，很失意地闭上眼睛，停顿了许久，才又不无哀怨地说："本来，最优秀的就是你自己，只是你不敢相信自己，才把自己给忽略、给耽误、给丢失了……其实，每个人都是最优秀的，差别就在于如何认识自己，如何发掘和重用自己……"话没说完，一代哲人就永远离开了这个世界。

那位助手非常后悔，甚至自责了整个后半生。

上面的这则故事告诉我们，人世间的每个人都应该对自己充满信心，相信自己才是最优秀的，每个人都有其自身的优点，同时也都有缺点，根本没有一个人是十全十美的，不要老是注意自己的缺点而忽略了自己的优点，如果一直这样，相信你不能成就任何事情，因为成功最基本、最重要的条件莫过于对自己要有信心。如果连自己都不相信，那么就没有理由去谈成功。相信自己的能力，勇敢站起来和命运去争斗，做未来的主人，从而创造灿烂而辉煌的明天！

有的人活着仅仅只会欣赏别人，而不会欣赏自己。其实自己也和别人一样，有着属于自己的一片天空、阳光，寒来暑往，甚至还有别人所未曾拥有过的一朵花，一阵鸟鸣……欣赏一下自己吧！此时的你就会发现，天空一样高远，大地一样宽广，平凡的你也有属于自己美丽的风景。正如书上说的"人生就像一幅画，而时间就像是画笔，当你走一步，时间就在你身上画一道色彩，等你走完了一生，一幅绚丽的风景也就制作成功了"。然而，不是每个人都能这样感知人生。就如那些在生活上仅受到一点点的挫折，在事业上有丁点的不如意，就如同走到了生命的尽头，头也不回，甚至一点留恋的机会都不给，如此的人生算是真正的人生吗？

蚂蚁难道能与大象相比吗？蚂蚁能和大象比些什么呢？可以想象，一只小小的蚂蚁怎么能和身躯庞大的大象相提并论呢？ 是不是有点太自不量力了，它们之间的反差太大了啊？ 但是如果换个方式比的话，会怎么样呢？ 比如说，不比力气大小，就比一下谁的身体小，蚂蚁能够在小孔里自由地钻进钻出，而大象对这却只能干瞪眼了，这种情况下蚂蚁就具有了一定的优势。 又有人会说，你这不是强词夺理吗？ 哪有这样的比法。 那就再换个方式比较一下看看。 蚂蚁虽小，但它能够轻松搬动几倍于自己体重的物体，大象却无论如何做不到这一点。 由于它本身的体重巨大，它的力气固然非常的大，然而如果让它搬动比自己身体重几倍的物体却无论如何也做不到。 对于这点，小小的蚂蚁却毫无疑问地又胜过了大象。

世上本没有十全十美的东西，即使你的本事再大，你也总会有不如别人的地方。 同样的道理，即使你再怎么不行，也总有比别人强的地方。 也许你先天有智力障碍，但你拥有音乐天赋，通过拼搏，说不定你能成为一位小提琴手；也许你今生都无法走路，但是你只要拥有一颗聪明的脑袋，通过自己的一番努力，你就很有可能会成为一位成功人士。

尺有所短，寸有所长，重要的是你能否正确地对待自己，认识到自己的优缺点所在。 每个人都有自己的优点和缺点，在任何时候，我们都需要善待自己，理解自己，掌握自己，不要只看到自己的优势和长处，也不要只看到自己的短处和不足。 正像有人说的，消极时想想自己的长处，得意时想想自己的不足，只要心态平和！ 不要刻意地去关注自己的不足，其实人人都有缺陷，我们需要做的就是把握和发挥自己的长处，取人之长补己之短，用长处去弥补自己的不足。 即使无法和别人相比也没有什么要紧，人的一生其实就是充满着机遇与挑战的，在人生的许多时候，如果你能换个角度去看待的话，那么你自身的短处与不足就有可能正是你的优势所在，就看你如何去发挥了。

## 换个心态，凡事多往好处想

有些遇到事情想不开的人，当烦恼袭来的时候，他们总会觉得自己是天底下最不幸的人，不论谁都比自己强。 但如果你能换个心态，凡事多往好处想，就能很快从痛苦中解脱出来。 成功学的始祖拿破仑·希尔说过，一个人能否成功，关键在于他的心态。 成功人士与失败人士的差别在于成功人士有积极的心态。 因此，要想成功，就要用积极的心态去面对每件事，凡事都要往好处想。

美国百货业巨子甘布士的成功就是始于积极的心态。 圣诞节前夕，甘布士打算前往纽约。 妻子在为他订票时，车票已经卖光了。 但售票员说，有万分之一的机会可能有人临时退票。甘布士听到这一情况，马上开始收拾出差要用的行李。 妻子不解地问："既然已没有车票了，你还收拾行李干什么？"他说："我去碰一碰运气，如果没有人退票，就等于我拎着行李去车站散步而已。"等到开车前三分钟，终于有一位女士因孩子生病退票，他登上了去纽约的火车。 在纽约他给太太打了个电话，他说："我甘布士会成功，就因为我是个抓住了万分之一机会的笨蛋，因为我凡事从好处着想。 别人以为我是傻瓜，其实这正是我与别人不同的地方。"

拎着行李去散步，抓住万分之一的机会。 多么积极的心态！ 多么平和的心态！ 不抱怨命运，总是找快乐、找希望、找机会，这就是美国百货业巨子甘布士作为成功者的品格。

其实，有许多成功人士都是靠积极的心态而取得了成功。有一个叫米契尔的青年，一次偶然的车祸，使他全身三分之二的面积被烧伤，面目恐怖，手脚变成了肉球。 面对镜子中难以辨认的自己，他痛苦、迷茫。 他想到一位哲人说过的话："相信你能，你就能！ 问题不是发生了什么，而是你如何面对它！"

他很快从痛苦中解脱出来，几经努力、奋斗，成为了百万富翁。 他不顾别人规劝，非要用肉球似的双手去学习驾驶飞机。 结果，他在助手的陪同下升上天空后，飞机突然发生故障，摔了下来。 当人们找到米契尔时，发现他脊椎骨粉碎性骨折，将面临终身瘫痪的现实。 家人、朋友悲伤至极，他却说："我无法逃避现实，就必须乐观接受现实，这其中肯定隐藏着好的事情。 我身体不能行动，但我的大脑是健全的，我还是可以帮助别人的。"他用自己的智慧，用自己的幽默去讲述能鼓励病友战胜疾病的故事。 他走到哪里，笑声就荡漾在哪里。 一天，一位护士学院毕业的金发女郎来护理他，他一眼就断定这是他的梦中情人，他把他的想法告诉了家人和朋友，大家都劝他：这是不可能的，万一人家拒绝你多难堪。他说："不，你们错了，万一成功了怎么办？ 万一答应了怎么办？"

多么好的思维，多么好的心态！他勇敢地向她约会、求爱。两年之后，这位金发女郎嫁给了他。米契尔经过不懈的努力，成为美国人心中的英雄，成为美国坐在轮椅上的国会议员。

因此，无论面对什么样的困难，都要用积极的心态去面对，凡事往好处想，就会出现不同的结果。古时候有一位国王，梦见山倒了，水枯了，花也谢了，便叫王后给他解梦。王后说："大势不好。山倒了，指江山要倒；水枯了指民众离心，君是舟，民是水，水枯了，舟也不能行了；花谢了，指好景不长了。"国王惊出一身冷汗，不仅得了病，而且越来越重。一位大臣要参见国王，国王在病榻上说出了他的心事，哪知大臣一听，大笑说："太好了，山倒了指从此天下太平；水枯了指真龙现身，国王，您是真龙天子；花谢了，花谢见果子呀！"国王全身轻松，很快痊愈。

积极的人对待事物，不看消极的一面，只取积极的一面。如果摔了一跤，把手摔出了血，他会想：多亏没把胳膊摔断；如果遭了车祸，撞折了一条腿，他会想：大难不死必有后福。

积极的人把每一天都当作新生命的诞生而充满希望，尽管这一天有许多事情麻烦他；积极的人又把每一天都当作生命的最后一天，倍加珍惜。

在战国时期，有两个战败的士兵被敌人追得落荒而逃，好不容易摆脱了敌人的搜捕，躲到了一座深山。忽然，饥肠辘辘的他们在不远的地上看到了一只苹果，两人赶忙冲上去，却发现那苹果早已被山猴给咬去了一半！

甲士兵说："唉！真是的，好端端的一只苹果，怎么就这样被猴子给咬去了一半呢？真可谓是祸不单行啊！"

乙士兵却说："啊！太好了！不管怎样，这苹果至少还有一半，可以让我们两个人充饥，不至于饿死啊！"

几天之后，两人终于回到了自己的军营里，分别被派到了不同的队伍里去……几年后，乙士兵升到了参将！而甲士兵呢？却仍然只是一个默默无闻的马前卒。相信吗？一个乐观的人，绝对比一个悲观的人更有机会成功！因为乐观的人，在每一个困境中都可以看到希望；悲观的人，却易在每个顺境之中都看见烦恼！

凡事多往好处想，你至少可能会有以下三种收获：

第一，拥有比旁人更好的心情，更稳定的情绪。

第二，拥有比旁人更多的希望，从而就能产生更大的努力动机。

第三，拥有比旁人更多的人气。一个言语之中带希望的人，绝对会比一个惯于唱衰败的人更能赢得别人的好感。

想一想，一个比旁人更有好心情，更多盼望，更佳人缘的人，是不是可以大大地提升其成功的机会呢？凡事多往好处想！您会活得更不同凡响！

同样是一件事，具有积极心态的人总是能够看到事情的正面，而采取消极态度的人却总是看到事情的反面。

有一个故事说：两个人各得到一笔遗产，在一次意外中又都失去了其中的一半。其中乐观的人认为我还有一半财产呢，于是幸福地享受遗产给他带来的美好生活；而另一个悲观的人却总是认为自己失去了一半财产并为此耿耿于怀，不久就郁郁而终了。 凡事多往好处想就会以一种积极向上的心态去迎接眼前的生活，而不是整天郁郁寡欢地过日子。

有一句话说得好，快乐的最好方法就是多看看那些比你还不幸的人。 悲观的失败者视困难为陷阱，乐观的成功者视困难为机遇，结果就有两种截然相反的人生。 生活不是缺少美，而是缺少发现。 只要凡事往好处想，就会看到希望，有了希望才能增添我们生活的勇气和力量。

世间的纷繁琐事让人感到烦恼；世间的喧嚣也让人心烦；工作的疲惫让人烦恼；生活中的意外伤害让人悲伤；情感的失落让人痛苦……你为没有人理解、没有知音而烦恼。 然而烦恼改变不了你的心情和处境，世事如此，你无法逃避。 只有忘掉烦恼，生活便多了一些希望，你完全没有理由再赔上今天为昨天的烦恼而烦恼，多一份轻松，多一份淡泊；少一点忧愁，少一点烦恼。

有许多人在遭遇失败之后常会责怪环境和别人。 也有很多人在成功后会感谢很多人。 其实最后真正影响我们成败的人是我们自己。 基督徒常把十字架看成是痛苦的标记，很少能体会它所蕴涵的光荣恩宠的真谛。 坦白地说，如果把十字架当成痛苦来背，那确实是痛苦又沉重的，背起来就心不甘情不愿。 然而如果能洞悉它那光荣而又恩宠的"结果"，而用另一种态度去面对，那么其所结出来的果子自然就会大不相同。 "人生"这一棵树是很奇妙的，我们给"他"不同的思想（养分），他就会结出不一样的果实。 《圣经》上说得好："你怎么想，你就会变成怎么样的人。"

因此凡事往好处想的人，好事就会随之而来。

凡事要往好处想，就会以从容而镇定的心态尽情地去享受生活，即以"舒缓之心度日"，这样就能充分享用生活所赋予的每一滴琼浆，"岁月本长，而忙者自促；天地本宽，而卑者自隘；风花雪月本闲，而劳攘者自冗。"

　　凡事要往好处想，就能够准确地找到生活的角度，在我们展示生命的过程中，有轰轰烈烈的伟大，有朴实无华的平凡，有义无反顾的执着，也有大起大落的悲壮。不是夏风，不必妩媚；不是冬雪，何必凝练？我们终将能够守住自己情有独钟的那种生活姿态。

　　凡事要往好处想，就能够乐观地对待生活中的各种挫折和压力。生活本来就是这样：有挫折，有艰辛，有苦恼，有困惑，我们必定遭受挫折。然而对于曾经美好的生活，美好的心态让我们平静，让我们豁达而自信。

　　凡事要往好处想，就能够淡化功名利禄。粉黛香艳，倚红弄绿，那是潇洒明星，我笑而避之；黄金富贵，肥食轻裘，那是巨富大款，我敬而远之。

　　凡事要往好处想，就能理智地对待自己，把握年轻的含义：一份幼稚，一份成熟，一份痴迷，一份自信，一份清纯，一份热情。

　　凡事要往好处想，就可能成为一个大度潇洒的人，一个善解人意的人，一个宽厚豁达的人，一个自信快乐的人，一个会爱护自己懂得尊重别人的人，一个重事业感情喜欢四季风景的人。

## 换种思维，感谢你的敌人

敌人！一旦提到这个词，我想很多人可能就像受到了惊吓的刺猬一样，马上立起了全身的尖刺，精神上也处于一个高度戒备的状态。确实如此，敌人，在很多时候，意味着麻烦、威胁、灾难、斗争……令人反感的事情即将出现。"多个朋友多条路，多个敌人多堵墙。"这是我们千百年来的生存哲学。

但是，如果你能换个思维方式，从相反的角度去思考就会发现，敌人并不可怕，有了敌人，你才会有压力，才会努力地去提升自己。我们需要朋友，更需要敌人，是敌人令我们成长，令我们进步。因此，越是高手越能尊重敌人、关注敌人、感激敌人！

在现实生活中，人们可能一直为自己有个竞争强敌而苦恼不已，因为有了这个敌人，我们就要时刻提防自己被他超越，为了自己的生存，我们往往要用自己百分之百的努力去工作、去学习。

日本的北海道盛产味道鲜美的鳗鱼，许多渔民都以捕捞鳗鱼为生。

　　鳗鱼的生命力很脆弱，只要一离开大海，要不了半天就会死亡。　奇怪的是，渔村有一位老渔民天天出海捕捞鳗鱼，上岸后，他的鳗鱼总是活蹦乱跳的。　而其他渔民，无论如何处置捕捞到的鳗鱼，回港后鳗鱼全都死了。　由于鲜活的鳗鱼比已经死了的鳗鱼价格几乎要贵出一倍以上，所以几年后，老渔民成为远近闻名的富翁，周围的渔民却只能维持简单的生活。老渔民临终之前，才把让鳗鱼不死的秘诀传授给了儿子。　原来，老渔民每次出海，都在鱼舱中放进几条狗鱼。　鳗鱼和狗鱼是出名的死对头，几条势单力薄的狗鱼一旦遇到成舱的鳗鱼，便惊慌地在鳗鱼堆里四处乱窜。　而鳗鱼遇到狗鱼就会立刻警惕起来，这样一来，几条狗鱼就把满满一舱死气沉沉的鳗鱼全都给激活了。

　　一种动物如果没有天敌，就会变得死气沉沉。　鳗鱼因为有了狗鱼这样的敌人，才重新激起生存的活力。　社会生活中，一个人如果没有敌人，他就会甘于平庸，养成惰性，最终导致庸碌无为。　一个群体、一个行业如果没有敌人，就会因为安于现状而失去进取的动力，逐步走向衰落。　这样的事例不胜枚举。　有了敌人，才会有危机感，才会有竞争力；有了敌人，你便不得不奋发图强，不得不锐意进取，否则就只有等着被吞并，被替代，被淘汰。

　　也许，在公司中你是资深员工，经验丰富，能力强，很有可能是下一任主管的候选人。　可是突然某一天，办公室来了新面孔。　她可能是公司重金挖来的同行高手，也可能是聪明伶俐、勤奋肯干的后起之秀……总之，她的到来为办公室带来了新气象，也让你明里暗里感到了扑面而来的巨大压力……

杰琳是某跨国公司的业务骨干，两个月前，人事经理带着一位俊秀、干练的女子走进办公室，介绍说这是新同事，是公司为了拓展南方市场从其他公司挖来的市场推广"高手"。

"我叫伊娜，请各位多多关照。""高手"笑容可掬地跟大家打招呼。

高手？ 有多高？ 杰琳也像其他同事一样对"高手"伊娜好奇并观望着。 杰琳还靠自己的老关系从人事部门了解了伊娜的背景资料：名牌大学毕业，原公司驻华南总部的资深职员，有丰富的行业经验和客户资源。

就这些吗？ 也没有什么突出之处啊，杰琳想。 可是接下来发生的事情却让杰琳对伊娜刮目相看。

第一次策划会上，主管让伊娜先发言。 伊娜摊开策划书，不慌不忙地宣读，条理清晰，思路新颖，关键之处还做了详尽周到的说明，令在场的所有人都如沐春风。 待她发言结束，主管抑制不住兴奋的心情总结道："新人来了就是不一样，给我们带来了新的思路和更广阔的信息来源，好，好。"

伊娜的出色不仅表现在工作上，在最近一次公司聚会上，她那近乎专业水平的美妙歌喉赢得了全场掌声，让她大大出了一回风头。

如果仅仅是这些，杰琳倒也没放在心上，新人嘛，总会带来一些新气象，可是上周发生的一件事情，就让杰琳感到了压力。

为争取到泛英公司这个大客户，杰琳已经跟踪了三个月，可总是差那么一点不能达到目的。为此主管把杰琳单独叫到办公室，说有一个新的项目要让她做，至于泛英公司的项目嘛——"就移交给伊娜吧，让她锻炼锻炼。"

主管说得很诚恳，杰琳也知道，有时换一个人换一种思维可能会加速项目进度。但多少有点赌博的味道，谁也不敢保证什么。何况伊娜是新人，她能行吗？

但事情完全出乎意料，一个月后，伊娜微笑着把合同书放到了主管的办公桌上。

主管在全部门同事的面前对伊娜大大表扬了一番。所有人都欢欣鼓舞，杰琳也不例外。可是杰琳的满脸笑意中却透着一点尴尬，别人看不出来，但是她自己知道——伊娜用一个月时间就完成了她三个月都未搞定的事情，能不让人窝火吗？杰琳明显感到一股来自伊娜的压力正向她滚滚涌来。

从此，杰琳再也不会九点上班十点到——作为曾经的业务骨干和老员工，这在以前似乎是很正常的事；再也不会对客户漫不经心了——以前优秀的业绩让她对开拓新客户已经感觉可有可无了；再也不会感觉工作枯燥无味了——她现在最感兴趣的就是让伊娜看到自己的真实能力……

又三个月过去了，杰琳终于在年底绩效评估中一路领先。可能伊娜都没想到，正是自己的出现，给杰琳带来了深刻的恐慌感，从而促成了她职业生涯的再度辉煌。

所以，不要一味地把敌人视为眼中钉、肉中刺，其实，换一个角度看问题，拥有一个敌人并不是坏事，他会让你时刻有种危机四伏的感觉。为了生存和发展，你就必须以更加旺盛的斗志去迎接挑战，从而在与敌人的竞争中不断完善自己，不断进行自我扬弃，永葆生机和活力。

从这个角度来说，真正能使你走向成功并让你坚持到底的，真正能激励你不敢懈怠的，不是顺境和优越的生活，而是那些在你身旁虎视眈眈的敌人。拥有一个敌人，就是拥有了一份无形的压力，也等于拥有了一份奋进的动力。

我们应该寻找强劲的敌人，希望他们如狼似虎，而不是柔弱似羊。因为，在有些时候，死亡者之所以死亡，是因为敌人过于强大。但是，在更多时候，弱者之所以生存下来，并由弱转强，却又是因为存在强大敌人的威胁。

有一位动物学家，他在考察生活于非洲奥兰治河两岸的动物时，注意到河东岸和河西岸的羚羊大不一样，东岸的羚羊繁殖能力十分强，西岸的羚羊繁殖能力却十分弱，并且东岸羚羊的奔跑速度每分钟要比西岸羚羊快十五米。

这是为什么呢？

动物学家首先研究了两岸的自然环境和食物结构，结果发现基本上没有差别。

那是什么造就了两岸羚羊的强弱不同呢？

为了解开这个迷，动物学家和当地动物保护协会进行了一次实验：他们在河东岸捉了十只羚羊放到西岸，同时在河西岸捉了十只羚羊放到东岸。

几个月过去后，动物学家发现，原生活于东岸而被送到西岸的羚羊繁殖到了十五只，而原生活于西岸而被送到东岸的羚羊，却只剩下了四只，另外六只被狼吃掉了。

原来，生活于东岸的羚羊之所以强壮，是因为它们居住的地方有狼群，它们是生于忧患之中，经常奔跑，生存能力在与狼的竞争之中不断强化。 而西岸的羚羊因为没有狼群威胁，缺乏生存压力，奔跑少，因而弱不禁风。

在一个没有"狼"的地方生存，的确是一件快乐的事情，但"狼"是客观存在的，"狼"最终要来。 如果你想生存下去，就必须比"狼"跑得更快。 这种每日的奔跑，可能是一件辛苦的事情，但正是在这种奔跑中，你的生存能力会越来越强大。

在电视剧《康熙王朝》中，最后一集有这么一段：康熙为庆祝执政六十年举办一场"千叟宴"，康熙首饮三碗酒。 第一碗敬祖宗，第二碗敬臣民，饮第三碗时，康熙说："这第三碗酒，朕要敬给朕的死敌们！ 鳌拜，吴三桂，郑经，噶尔丹，还有那个朱三太子，他们都是英雄豪杰呀。 他们造就了朕，是他们逼着朕立下了这丰功伟业！ 朕恨他们，也敬他们。 哎，可惜呀，他们都死了，朕寂寞呀。 朕，不祝他们死得安宁，朕祝他们来生再来与朕为敌吧！"

这是怎样的一种胸怀，怎样的一种气魄，怎样的一种意识啊！ 我们虽然永远不可能成为皇帝，但康熙的话却给了我们很大的启示：面对一个英雄的敌人，总比面对一个愚人、庸人、小人幸福。

所以，在你的身边，有一个实力强劲的敌人其实并不是一件坏事，只有敌人越强大，你才越有成长的空间和动力。 与敌人竞争的过程、博弈的过程就是你提高的过程、成熟的过程、前进的过程。

海湾战争之后，美国军方提出了战争状态下士兵的"生存能力"比"作战能力"更为重要的全新理念。 于是一种被称之为"艾布拉姆"式的 M1A2 型坦克开始陆续装备美国陆军。

这种坦克的防护装甲是目前世界上最坚固的,它可以承受时速超过 4500 公里、单位破坏力超过 1.35 万公斤的打击力量,而这种力量被美武器专家形容为"可以轻易地将一只球捧上月球"。 那么,M1A2 型坦克这种品质优异的防护装甲是如何研制出来的呢?

乔治·巴顿中校是美国陆军最优秀的坦克防护装甲专家之一,他接受研制 M1A2 型坦克装甲的任务后,立即找来了毕业于麻省理工学院的著名破坏力专家迈克·马茨工程师。 两人各带一个研究小组开始工作,所不同的是,巴顿带的是研制小组,负责研制防护装甲;马茨带的则是破坏小组,专门负责摧毁巴顿已研制出来的防护装甲。

刚开始的时候,马茨总是能轻而易举地将巴顿研制的新型装甲炸个稀巴烂,但随着时间的推移,巴顿一次次地更换材料,修改设计方案,终于有一天,马茨使尽浑身解数也未能奏效。 于是,世界上最坚固的坦克在这种近乎疯狂的"破坏"与"反破坏"试验中诞生了,巴顿与马茨这两个技术上的"冤家"也因此而同时荣获了紫心勋章。

可见,在生活中,选择一个强大的对手做敌人,正是为了使你能更及时更深刻地发现自己的不足,从而使自己更趋完善,达到意想不到的效果。

企业在市场上的竞争,也是同样的道理。 作为美国饮料市场上的老二,百事可乐始终是将可口可乐作为竞争目标和市场动力来对待,在不断的挑战中不断发展壮大。

企业之间的争夺永远是在市场上进行。 为了占有市场,百事可乐对原有的经营方式进行了五项改革：（1）改良口味，使其不逊于可口可乐；（2）重新设计外包装和公司的各种标识，发挥整体广告的宣传作用；（3）增加广告投入，提升本公司的品牌形象；（4）集中力量攻占可口可乐所忽视的市场；（5）集中力量攻占市场据点，选定了美国的 25 个州和国外的 25 个地区作为重点攻克目标。

但事实并非如百事可乐所愿，因为无法抓住可口可乐的弱点，百事可乐的收效不是很大。

1985 年是可口可乐 100 周年诞辰的日子，这时可口可乐公司突然宣布要采用一种全新的配方，这种配方是可口可乐公司花费了数百万美元研制的。可是消费者并不买这个账，他们纷纷抗议改变配方，可口可乐的形象大受打击。

可口可乐的这一举动令一直无从下手的百事可乐欣喜若狂。百事可乐立即花费了数百万美元制作了一个电视广告，并在各大电视台集中播放。一个漂亮的女孩儿对着镜头说："有谁能告诉我可口可乐为什么要这么做吗？他们为什么要改变配方？"镜头切换，姑娘继续说："因为它们变了，我要开始喝百事可乐了。"这一广告在电视台黄金时段反复播放的结果令百事可乐的形象开始鲜明起来。

接下来，两家可乐公司在市场上你争我夺、你追我赶。1987 年，可口可乐公司花费 250 万美元，请国际名导拍摄场面宏大的广告；百事可乐当然不甘示弱，花费 500 万美元请出当红人气歌星迈克尔·杰克逊为产品代言。

尽管百事可乐不甘人后地频频向可口可乐发动进攻，但依然无法撼动可口可乐的老大位置，因为毕竟可口可乐已经存在了近 120 年。 好在百事可乐是个喜欢挑战、不断创新的企业，他们看到软饮料的市场发展已成定局，就开始着手改变战略，向多元化方向发展，将鸡蛋分放在不同的篮子里。 在快餐业，百事可乐又不断地让世人耳目一新。

百事可乐公司以大气的手笔兼并了三家快餐公司——比萨饼屋、肯德基炸鸡店、特柯贝尔快餐店。 三家店都设在每个主要城市的闹市区，并且每家店都以其优质、低价的食品和高效、多样的服务赢得了顾客的青睐，销售额不断攀升，令许多老牌快餐店望尘莫及，即使是麦当劳也受到了莫大的威胁。麦当劳的年利润率为 8%，而百事可乐快餐公司却高达 20%。但是百事可乐并不因此而满足，不久，百事又开创了餐馆业的新潮流——送货上门。 这一举措不仅为公司增加了收入，而且还赢得了市场口碑。 如今百事可乐公司拥有 15 万个销售网点，保证及时、快捷地把百事可乐的馅饼、炸鸡送到千家万户……

在软饮料市场上，百事虽然没有超过可口可乐，但百事却将与可口可乐的销量之比从 1：12 提高到 1：2，对于一个成立只有几十年的公司来说已足以令人刮目相看了。

可口可乐是可乐行业老大，后起之秀百事可乐一直都在可口可乐的强大压力下生存。 但正是因为可口可乐这个强大的"敌人"的存在，百事可乐才得到了迅猛发展。

当然，在压力下生存得有一个前提，那就是要变压力为动力，要随时保持积极乐观的竞争态度，如果一遇到强大敌人就投降，就放弃生存，你当然就只有成为强者的盘中美食了。

敌人的存在就像一面镜子、一把标尺、一张暗藏铁钉的卧具，能使你看到差距、使你寝食难安、使你大彻大悟、使你奋然前行。 如果你在竞争中能够并善于学习敌人的长处，那就不仅仅是一种气度，更是一种睿智；如果你能在对手的打压下发现并及时弥补自己的不足，那就不仅仅是一种幸运，更是一种绝妙的反击了。

要知道，敌人能够跑在你的前面，总有跑在你前面的理由。 如果你没有弄明白这个道理，你就不可能超越他。

有这么一个寓言故事：

在狼的世界里，等级观念非常强烈。 在美国明尼苏达州的一片丛林里，就生活着一群等级森严的灰狼。 这个狼群的王者是一只叫作菲特的公狼。

菲特对狼族中的其他狼具有生杀大权，他智慧而且强壮，判断能力、狩猎能力、领导能力和决策能力都超过狼族中的其他成员，同时，他很有勇气。

在狼的社会里，头狼不容许狼族中其他狼窥探其王者地位和权威，其他狼接近头狼，不管是出于什么目的，都可能存在生命危险。 在菲特的部落里，就发生过这样的流血事件。 一只地位低于菲特的公狼偷窥他的王位，并试图和王后亲近，结果被菲特杀死了。 但有一段时间，狼族中一只瘦弱的名叫艾略的公狼却几次冒险前来和菲特套近乎。

艾略是整个部落中地位最低的公狼。 作战时，他得冲在最前面，去冒最大的风险，分取战利品时，他却轮到最后，并且分得最少，甚至可能一点也分不到；在平日里，他也是其他狼的出气筒，他的存在，仿佛就是供其他狼消遣、展示权威，甚至练习武功的。

作为王者的菲特，自身就是等级的受益者和维护者，他当然不会为艾略这种低等级的狼伸张正义——在狼的社会，高等级的狼欺凌低等级的狼似乎并不违背正义的价值观。

看着艾略的举止，很多狼都为他捏了一把冷汗，同时，也有很多狼出于关心而劝阻他："艾略，你应该离菲特远一点，小心他要了你的小命！"艾略却没有理会这些善意的劝阻，他小心地接触菲特，并最终成了菲特的贴身护卫。

这一下，艾略的地位发生了变化，其他狼再也不敢欺负他，并且在分配食物上面，他再也不会吃亏了。这些变化，一方面给艾略带来了好心情，另一方面给他带来了好营养，使他越来越强壮。

狼群的王者并不是终身制，每过一段时间，便会有一只公狼出来挑战王者，如果他能够征服包括头狼在内的所有公狼，那么他就是新的王者。

有一天早上，这样的挑战又发生了。

谁也没有想到的是，挑战的主角，竟然就是曾经的出气筒艾略。艾略很轻松就打败了菲特，菲特只好夹着尾巴逃离了部落。其他几只公狼显然很不服气，他们以车轮战术，轮番上阵和艾略撕咬，但最后还是艾略取胜。

艾略登上了王位。

很久以后，当部落里有的狼问他当初为什么冒险去做菲特的贴身护卫时，艾略说："我当时虽然很弱小，但我心中却有统治部落的愿望，菲特是部落里最强大的成员，我要打败他，就必须先向他学习，而要向他学习，就必须接近他。"

"要打败他，就必须先向他学习。"这道理很简单，却又很深刻。 一般说来，学习不是难事，向书本学习，向他人学习，用理论武装头脑……已经成为不少人的良好习惯。 但很多人还没有意识到，敢于向敌人学习、善于向敌人学习也是成功的重要条件。

在商业社会中，很多后起之秀，都是通过学习对手来打败对手的，比如耐克打败阿迪达斯。

1970 年前后，由于人们生活水平的不断提高，西方人对健康的重视程度也越来越高，适当的跑步或饭后散步成了一种休闲的方式。 于是，跑鞋的需求量开始大增。

由于跑鞋穿着舒适，而且看起来年轻时尚，即使不跑步或散步，人们也舍不得脱掉它，跑鞋因此在那个年代流行起来。据20 世纪70 年代末的数据显示，仅在美国，当时就有2500 万~3000 万人坚持散步，还有1000 多万人在家里或上班时都穿着跑鞋。 德国著名的制鞋商阿迪达斯公司的事业因此如日中天，在跑鞋制造业上遥遥领先了好多年。

成功让阿迪达斯有些飘飘然了，所有想挤进跑鞋行业的后来者都不被它放在眼里，包括耐克公司、布鲁克公司、新巴兰斯公司等。

耐克公司的创始人菲尔·耐克曾经是一位赛跑运动员，由于水平较差不得不退出这一行业另谋职业。 菲尔·耐克看到了运动鞋的广阔前景，游说他的老师和他合伙成立了制鞋公司。 耐克公司从最初的1000 美元起家，开始也仅仅是别人的一个加工车间，它替日本的泰格尔跑鞋生产鞋底，同时，也进口该鞋子在美国销售。 没有仓库，生产的成品就放在耐克岳父家的地窖里。 他们的公司在成立的头一年就成功地销售了价值 8000 美元的进口鞋，算是初战告捷。

耐克为了赶上阿迪达斯，历经艰辛终于发明了自己的新式运动鞋，并为它取名"耐克"，真正的耐克公司出现了，这一年是 1972 年。 也是这一年，耐克鞋首次在竞赛中亮相就让运动员取得了第四名的好成绩，但第一至第三名，依然由穿着阿迪达斯产品的运动员包揽，耐克决心向阿迪达斯学习。

超越的起点是学习。 耐克第一步就是向阿迪达斯看齐，它要学习对手的看家本领——瞄准运动员，努力同那些前途无量的运动员建立长期而密切的关系；每设计出一款新的运动鞋都要耐心地征求他们的意见，然后免费送给他们试穿；在广告支出上，也学着阿迪达斯进行大规模的投入，最后连"飞人"乔丹也被耐克网罗其中，成为耐克运动鞋的形象代言人。 耐克还看准奥运会这块金字招牌，它承诺并兑现：凡是在奥运会上穿着耐克鞋取得金牌者，耐克将提供奖金 3 万美元。

看到自己已是"学有所成"，耐克开始计划从效仿转型到超越。 它在瞄准运动员的同时，把目光放得更远：服务于大众，开拓休闲运动鞋和服装市场。

这一次，耐克抢在了阿迪达斯的前面。 市场对耐克鞋的需求与日俱增，最令耐克开怀的是，它的 8000 家百货商店、体育用品商店和鞋店经销人中的一半以上都要提前订货才能得到满足。 耐克的销售增长势头迅猛，而其市场占有率也节节攀升！ 短短几年，耐克就跑在了对手的前面，并把对手甩出了老远。 通过学习再超越，耐克公司开始了一路飞奔。

要超越敌人，就必须以敌人为师。 在学习过程中，你不仅可以学到超越对象的优点，更能看到超越对象的缺点，你具备了他的优点而回避了他的缺点，你不想超越都不可能了。耐克就是学到了阿迪达斯的全部经营之道，同时又有很大创新，从而超越了曾经的霸主而使自己成为霸主。

# 第四章

# 斩断纠缠的死结：逆向思维能化解难题

当你用正向思维方式思考解决某个问题，反复不得其解，殚精竭虑却不能突破时，你就该意识到：可能用一般的思维方法解决不了，必须进行复杂烦琐的步骤才有可能解决。这时，你不妨就来运用一下逆向思维法，从问题的反面来思考，往往就能茅塞顿开，收到意想不到的效果。

## 转换方式，化解求人办事中的难题

求人难，难于上青天。 这是每一个曾经求过人或者正准备求人者共同的感叹。 因此，人生在世，谁愿求人？ 可人生在世，谁又能不求人？

那么，怎样才能掌握一些翻云覆雨、灵验奇妙的求人手段呢？ 或者说，有没有这样的办法：在毫无勉强的成分里，使对方照你的意愿去做，把你的一份意思传达给别人，使别人受到感应，就会心甘情愿地帮助你、迁就你或同意你？ 回答是肯定的，它就是逆向思维！

在求人办事时，很多人惯用的思维是：既然有求于人，就要放低姿态。 但有些人却往往不吃这一套，不管你怎么巧言相求都没有效果。 这时你不妨转换思维，变"求"为"激"，往往能够取得很好的效果。

例如，求人者为了让对方动摇或改变原持的立场和态度，利用一些略带贬损意义的、不太公正的话给对方罩上一顶"帽子"，而对方一旦被罩上这顶帽子，就会激起一种极力维护自我良好形象的欲望，从而用语言或行动表示自己不是这样，主动地去改变原持的立场和态度。

公元 208 年，刘备被曹操打得落花流水，逃至樊口，势单力孤，继续与曹军对抗完全没有前途可言，除与盘踞江东的孙权联手以外已别无他计。

这么重大的使命若交付一位平庸的使者，他一定照实陈情，敌方势力强大，我方危在旦夕，请主公出兵相援不胜感激，云云。 刘备身边能胜此任的唯有诸葛孔明，他自荐过江求取吴国出兵抗曹。 他后来终于说动孙权，成功地完成了联吴拒曹的使命，以至形成后来三国鼎立之势。 你看，求人求得妙，是否在创造历史？

诸葛亮是怎样打动孙权的呢？ 诸葛亮见到孙权先说这样一番话："如今天下大乱，将军在江东举兵，刘备在江南集结，目的都在与曹操争夺天下。 眼下曹军势如破竹、威震天下，空有英雄气概对他是无可奈何的。 加上刘备之军渐渐败退，将军您宜早做应对，好生斟酌才对。 如果贵国的军力能够与曹操对抗，就即刻与他断交；如果无力与其对抗，那干脆就迅速解除武装、俯首投降算了。 可依我看来，将军似乎在表面上要服从曹操，其实内心里很是犹豫不决。 目前形势已很急迫，没有多少时间让您犹豫了，希望马上定下主意，否则后果不堪设想。"

孙权愣了一下，反问道："照你说的形势如此严峻，刘备怎么不赶快投靠曹操呢？"

孔明回答说："君差矣。 齐国壮士田横您该知道，他在道义上不能投靠汉高祖，宁可结束自己的生命。 而刘备是汉室后裔，具有英雄资质，目前虽然困顿，仍有八方壮士慕其英名，源源而来投奔。 起兵抗曹，天之所命，至于事成与不成，只有靠天命决定。 岂可向曹贼投降呢？"

孙权听后大叫一声："我拥有吴国十万大军，承父兄之业，更岂可轻易言降？"此时的孙权是一个二十六岁的青年君主，血气方刚，自尊心强得很。 孔明就是利用孙权的这个特点，或者叫弱点，用言语刺激孙权的自尊心，使他的意志按照自己所期待的方向转化。

孙权虽然大叫不降，其实内心也很不踏实，又向孔明问道："现在这种情况，除了刘备之外再找不到能与曹操作战的军队，可刘备最近连吃败仗，不知是否有军力与其再战？"这些是孙权所真正担心的事情，他也明知道光凭东吴自己的力量敌不过曹军。

孔明早有准备，冷静地分析形势给孙权听，以打消他的不安。 孔明说："刘备确实吃了败仗，但现在军力不少于一万。 而曹操之军虽众，但长途远征疲惫不堪。 这一次为了追击我们，曹军的轻骑兵一昼夜竟跑了三百里，这好像古人说的，再有力的弓箭若射的距离过远，就连一张薄的布也无法穿过。 再者，曹军北兵不惯水战，我方占有地利；荆州之民虽然表面上服从曹操，内心却是时时准备反抗。 如果将军集精兵猛将与刘备之军配合，联手作战，一定会击败曹军。 天时地利俱在，剩下的只看将军您的决断能力了。"

孔明这一番分析，指出强敌之短处，强调刘、吴潜在之长处，最后把事情成败的关键又推给了孙权自己，可谓步步高棋、招招妙算，使原本主意不定的孙权断下决心，联军抗曹，以致后来发生了三国时代最大的决战———"赤壁之战"。

诸葛亮采用"激将法",既达到了求人的目的,自己又没损失什么,实在妙不可言。他的这种"激",确切地说,就是从道义的角度去激对方;让对方感到不再是愿不愿意去干,而是应该、必须去干。以义激之的方法在我们国家更为有效。因为中国传统道德文化中有一个重要的方面就是重视人的品德修养,讲求道义、气节。对于义,每个人都有自己的衡量标准,在每个人的心中都有一面旗竖在属于做人道德的领地。激之以道义,恰恰都是去触及对方的内心深处,让他认为对方"求助"的实质是道义的行为。

但也不是说所有的以义相"求",其"求"的内容都深远、重大。在平常的生活琐事之中,仍然可凭借道义去激对方,取得好的效果。

有这样一个非常有趣的小故事:

有一位母亲在和别人聊天的时候,谈到了自己的儿子。原来这个儿子要求母亲为自己买一条牛仔裤,一个简单得不能再简单的要求。

但是,儿子怕遭到拒绝,因为他已经有了一条牛仔裤,而母亲是不可能满足他所有的要求的。于是儿子采用了一种独特的方式,他没有像其他孩子那样苦苦哀求、撒泼耍赖,而是一本正经地对母亲说:"妈妈,你见过没见过一个孩子,他只有一条牛仔裤?"

这颇为天真而又略带计谋的问话,一下子打动了母亲。事后,这位母亲谈起这事,说到了当时自己的感受:"儿子的话让我觉得若不答应他的要求,简直有点对不起他,哪怕在自己身上少花点，也不能太委屈了孩子。"

就是这样一个未成年的孩子，一句话就说服了母亲，满足了自己的需要。在他说这话时，唯一目的就是要打动母亲，并没有想到该用什么样的方法。而在事实上，他的确是从母子道义上去刺激母亲，让母亲觉得儿子的要求是合情合理的，而不是非分的。

下面，我们再来看看美国黑人富豪约翰逊用"激将法"求人的经验：

1960年，约翰逊决定在芝加哥为公司总部兴建一座办公大楼，为此他出入无数家银行，但始终没贷到一笔款。于是，约翰逊决定先上马后加鞭，设法将自己的二百万美元凑集起来，聘请一位承包商，要他放手进行建造，好让自己去想方设法筹集所需要的其余五百万美元。假如钱用完了而约翰逊仍然拿不到抵押贷款，他就得停工待料。

建造开始并持续施工，到所剩的钱仅够再花一个星期的时候，约翰逊恰好和大都会人寿保险公司的一个主管在纽约市一起吃晚饭。约翰逊拿出经常带在身边的一张蓝图，正准备将蓝图摊在餐桌上时，这位主管却对约翰逊说："在这儿我们不便谈，明天到我的办公室来。"

约翰逊说："好极了，唯一的问题是今天我就需要得到贷款的承诺。"

"你一定在开玩笑，我们从来没有在一天之内给过这样贷款的承诺。"主管回答。

约翰逊把椅子拉近他，并说："你是这个部门的主管。也许你应该试试看你有无足够的权力，能把这件事在一天之内办妥。"

主管微笑说:"你这是逼我上梁山,不过,还是让我试一试看。"他试过以后,本来他说办不到的事终于办到了,而约翰逊也在建造大楼的钱花光之前几小时回到芝加哥。

看来,以激将法说服别人,务必找到并击中对方的要害,迫使他就范。 就这件事来说,要害是那位主管对他自己权力的尊严感。

约翰逊在谈话中暗示,他怀疑那位主管果真拥有那么大的权力。 主管听了这话,感到自己的权力的威严受到了挑战。那好,我就证明给你看!

人的自尊、名声、荣誉、能力⋯⋯都可以作为"激将战法"中的武器。

裴文是唐朝开元年间东都洛阳的一位将军,剑法超群,无几人能出其右。

裴文不仅剑舞得好,而且酷爱书画。 一次,他家有亲人亡故,为表达他对死者难以磨灭的敬意,他想请人在天宫寺绘制一幅壁画,一来为亲人超度亡灵,二来也暗合了自己的嗜好。 他于是遍访各地,但一直未找到合适的画师。

事有凑巧。 一日,他来到天宫寺,巧遇画家吴道子和书法家张旭,裴文高兴得手舞足蹈。 他热情迎上前去,主动报上姓名,盛情邀请二位艺术家到一家酒店"便宴"。 二位也不推辞,口呼"幸会",脚已毫不犹豫地迈向酒店。

席间,裴文虚心请教画坛之事。 吴道子像是遇到知己般大谈画坛境况。 裴文直点头,大叫深刻、精辟,很受启发。

酒过三巡,裴文道出自己的心事,并分别给二位送上玉帛

十四、纹银百两，作为作画、题字的酬礼。哪知二位艺术家笑意全消，立刻冷若冰霜，拂袖而去。

裴文见状，心想大约是两位艺术家嫌这报酬太低，有辱"大师"名声。他立即带着痛改前非的诚恳表情拦住二位，赶忙赔礼道歉："二位先生莫嫌钱少，我这是分期付款。等画作好之后，我再补齐。"

吴道子听罢，怒从心起："裴将军不是太小看人了吗？"说罢，气咻咻转头就要走。裴文觉得十分难堪。他想，论社会地位，我不比你们低，我是将军；论本事，也是各有所长，说不上谁高谁低。你画画得好，字写得棒，我的剑术亦堪称一流。今天我屈尊求画，反在这公共场合受到冷落，好生尴尬。裴文不由怒气上升，一时难以压下。

裴文有个"毛病"，一怒就要舞剑，这大约是战场上培养出来的条件反射。只见他脱掉孝服，拔剑起舞，身子左旋右转，宝剑上下翻飞。吴、张二位看得津津有味、频频点头。在场围观的游人，个个惊得目瞪口呆，都忘了叫好。

裴文一边挥剑狂舞，一边口中念念有词："什么大师！什么书圣、画圣！我看是欺世盗名、徒有其表！光会舞文弄墨，描些香草美人，于世道无补，甚至不能助我尽一份人子的孝心，还不如咱手中这把剑，可以斩妖驱邪，换来人间太平。有能耐来呀，是骡子是马牵出来遛遛！"

吴道子、张旭听着，面面相觑，不禁汗颜。看罢舞剑，上前与裴文长时间地热情握手、拥抱。"刚才不是我们故意使你难堪，实在是我们太厌恶铜臭味。我们绝不为了钱而出卖艺术。"说罢，吴道子灵感大发，挥动如椽大笔，在画壁上舞墨作画，一气绘成一幅巨型壁画。 这就是吴道子平生最得意的《除灾灭患图》。

俗话说的"水激石则鸣，人激志则宏"就是这个道理。在求人办事时，这种以激燃自尊火花为目标的游说艺术，往往能起到意想不到的效果。

化解求人的难题，除了变央求为激将之外，还可以变劝导为诱导，让他人自觉自愿地为你办事。

古代有一个寓言，说有位车夫拉着车上桥，桥很陡，走到半路实在拉不动了。 他急中生智，用力顶着车把，放声唱起歌来。 他这一唱，前面的人停下来看他，后面的人想看看发生了什么事，快走着追上他，而车夫则乘机让大家帮着推车，大家一齐用力，车就推上了桥。

车夫了解人们好奇围观的心理，所以他不靠蛮力一个人拼死拉车，也不直接求人推车，而是靠在车把上唱歌，吸引大家的好奇心，结果轻松地达到了目的。

这位车夫的求人策略堪称高超过人、无与伦比。 本来是求人帮忙，结果却成了别人自觉自愿的行为，求人求得不露声色、浑然无迹。

不要以为这只不过是一个寓言，说说而已，生活中行不通，现实中还真有这样的事情。 美国《纽约论坛报》的总编辑雷特就是这样求得一位贤才鼎力相助的。

当时，雷特是格里莱办的《纽约论坛报》的总编辑，身边正缺少一位精明干练的助理。 他的目光瞄准了年轻的约翰·海，他需要他帮助自己成名，帮助格里莱成为这家大报的成功的出版家。 而当时约翰刚从西班牙首都马德里卸除外交官职务，正准备回到家乡伊利诺伊州从事律师职业。

雷特看准了约翰是把好手，可他怎样使这位有为的青年抛弃自己的计划，而在报社里就职呢？雷特请他到联盟俱乐部去吃饭。饭后，他提议请约翰·海到报社去玩玩。从许多电讯中间，他找到了一条重要消息。那时恰巧国外新闻的编辑不在，于是他对约翰说："请坐下来，为明天的报纸写一段关于这消息的社论吧。"约翰自然无法拒绝，于是提起笔来就写。社论写得很棒，格里莱看后也很赞赏，于是雷特请他再帮忙顶缺一星期，然后延至一个月，渐渐地干脆让他担任这一职务。约翰就这样在不知不觉中放弃了回家乡做律师的计划，而留在纽约做新闻记者了。

雷特凭着这一策略，猎获了他物色好的人选，而约翰在试一试、帮朋友忙的动机下，毫无压力、兴致很高地扭转了他人生航船的方向。事前，雷特一点也没泄露他的意思，他只是劝诱约翰帮他赶写一篇小社论，而事情却圆满地成功实现了。

由此可以得出一条求人的规律，那就是：央求不如婉求，劝导不如诱导。

另外，如果你所求之事从根本上与所求之人的心意背道而驰，这时你必须把你的真实目的伪装起来，而且要伪装成对方非常想达到的一个目标，使他在不知不觉中为你办成了事。

例如，皇帝身边如果有奸人，国家大事会常被他们干扰。要整肃国政的话，就必须清除这些奸人，这叫"清君侧"。但是，如果直接提出让皇帝赶走他身边最信赖的人（奸人往往都是皇帝最信赖的人），不但不会成功，而且还可能会带来杀身之祸。

宋真宗时的王钦若是有名的奸相，为人阴险奸诈，但又善于逢迎献媚，深得真宗信任。他常常在真宗面前进谗言，中伤其他正直的人士。而被中伤者却为他的假心假意所蒙蔽，多数不知自己已被他所中伤。

契丹逼进北宋时，王钦若借口局势危急，力劝宋真宗向江南逃跑，到他的老家去建立小朝廷。寇准以其惊人的胆识和指挥若定的雄才，坚决挫败了王钦若的逃跑计划，簇拥真宗亲征，直抵前线。由于王钦若也跟随真宗到了前线，仍旧在真宗面前叨咕这、叨咕那，事事掣肘寇准，干扰他抗击契丹的军国大计。寇准一直在捕捉机会，想把这个奸相从真宗身边赶走，以清君侧。

有一天，真宗正在为人事安排发愁。他对寇准说："现在，契丹直逼城下，天雄郡被隔绝在敌后。天雄郡若有不测，河朔全境便会落入敌手。你看，该让谁去镇守呢？"寇准回答说："当前这种形势下，没有什么妙计可施。古人说，智将不如福将。参知政事王钦若仕途顺利，长得白白胖胖，真是福星高照。让这样一位有名的福将去镇守的话，定会吉人天相，可保万无一失。"

真宗历来看重王钦若，今天难得寇准也这样看重他，心中特别高兴，便欣然同意寇准的意见，命令寇准草拟诏书，通知王钦若上任。当寇准把真宗的旨意传达给王钦若时，王钦若吓得脸色惨白，说不出话来。他原本是个胆小鬼，只会溜须拍马、挑拨离间，哪有深入敌后去固守孤城的本领？此去准是白白送死。

寇准见他可怜兮兮的模样，便对他说："国家危急，皇上亲自挂帅出征，你是皇帝一贯倚重的执政大臣，现在正宜体贴皇上心意，为国效力。"并说："护送你上任的部队已经集合待命，皇上指示免去了上朝告辞的礼节，让你马上出发，不可耽误军机。"说罢，举杯为王钦若饯行，祝他早日奏凯归来。

王钦若没办法，只得硬着头皮去上任。 他来到驻地一看，田野全是契丹兵，王钦若哪有退敌良谋，只好堵死城门，固守待毙。

赶走王钦若后，宋军上下齐心，一致对敌，迫使契丹退兵求和，解除了宋朝开国以来最大的一次军事危机。 天雄也因契丹撤军而得以解围。

# 独辟蹊径，化解市场开拓中的难题

按照常理，"循规蹈矩"地搞营销，往往成效甚微，甚至蚀了老本。倘若打破常规、逆向思维、独辟蹊径，想人之所未想，为人之所未为，很可能会出奇制胜，赢个盆满钵盈。下面，我们就来看看逆向思维在市场开拓中究竟如何生财有道。

逆"美"求"丑"：近年来，美国新开设了一个特别新颖的旅游项目，名叫"丑闻旅游"。此项新业务一经推出，竟火得不得了。参观丑闻旅游的人，只要交纳 20 美元，便有导游接待参观。旅游的内容，既包括政治丑闻，又穿插桃色新闻。无论是哪一种内容，都是曾经轰动世界的丑闻，要不是毁了当事人的前程，便是夺取了当事人的生命，都是人们最感兴趣和举世瞩目的事件。

比如"尼克松与水门事件"的旅游点，就是参观水门住宅区。1972 年，在此处发生的窃听民主党总部事件，导致了时任总统的尼克松下台。又如"哈特别墅"景点，是参观一座曾经在此处发生的轰动一时的桃色事件的别墅。 1988 年，被不少人看好的民主党总统候选人哈特，在与共和党总统候选人激战犹酣时，曾在这座别墅里与迈阿密模特儿莉斯幽会。 不料这一切均被新闻记者察觉，经大肆渲染后，使哈特不得不放弃竞选，由此断送了政治前途。

"丑闻旅游"所聘请的导游人员大都具有喜剧演员的才能，他们能把政治讽刺和小道消息融为一体，将权力、肉欲、嫉妒、报复等种种丑闻，渲染得淋漓尽致。

逆"吉"求"凶"：美国的一家中国饭店生产了一种饼，取名叫"幸运饼"，每个饼里都有一条类似"祝您健康"的祝词，开始尚有新鲜之感，但日子久了便令人生厌。 后来一位名叫海莉的广告商，也办了一家专门生产销售大饼的饭店，她别出心裁地把大饼取名为"不幸饼"，并把饼里那套传统的祝词改成诙谐之语，或令人兴奋，或使人捧腹，或使人瞪目，或使人尴尬。 这样，寻趣的顾客纷纷前来购买，海莉大获其利。

在世界各个城市里，都有出售鲜花的商店，人们在这里购买各种鲜花，作为祝贺喜庆和安慰病人的礼品。 但在智利首都圣地亚哥，却有一家专门出售"死玫瑰花"的商店。 该店里出售、寄送枯死的玫瑰花瓣和花叶，以文明礼貌的方式为失恋者、受骗者、失意者、落泊者带去慰藉。

这家"死玫瑰花"商店的创办人叫凯文，他创办这家商店是有着自己切身经验的。 一次，他失恋了。 在痛苦与彷徨中，他发现窗台上一盆美丽的玫瑰花枯萎了。 他觉得这是他死亡了的爱情的象征。 于是，他灵机一动，剪下那朵死玫瑰，用一根黑色的丝带扎好，寄给了以前的恋人。 他这样做了以后，感到心情有了明显好转，失恋的创伤有了很大程度的平复。

富有经营头脑的凯文从失落感中解脱出来后，决定开办"死玫瑰花"商店，专门出售、寄送枯花和死花。 每寄一束枯萎的玫瑰收费 40 美元，虽比购买一束鲜花价格高出一倍，但这家花店确实有其独特的魅力和奇妙的用途，所以自开张之后，博得了各界人士的欣赏，每天顾客盈门、应接不暇。 那些垂头丧气、心存报复的人源源不断地从全国各地涌来，要求凯文寄枯萎的花瓣给感情骗子、下流老板、卑鄙的生意合伙人以及把感情当儿戏的轻薄姑娘。 那些收到死玫瑰花的人，大多数都有不同程度的愧疚感。 所以司法机关还对凯文的事业给予了充分的肯定。

逆"热"求"冷"：第二次世界大战后，日本经济发展较快，当时很多公司都以人们急需的生产和生活用品作为开发对象，许多经营者都梦想成为钢铁大王、汽车大王、电器大王。多川博却独具慧眼，选择了当时大企业不屑干、小企业不愿干、利润低微的尿垫作为企业的专营产品，成立了尼西奇尿布公司。 公司成立后，多川博不断采用新材料、新技术、新设备，研制了"尼西奇尿垫"，投入市场后，深受孩子妈妈的欢迎。 不久，公司就在竞争中站稳脚跟，垄断了日本尿垫市场，并使产品远销 70 多个国家和地区。 目前，尼西奇尿垫已同丰田汽车一样在全世界享有盛名。

前些年，日本经济出现危机，许多餐馆纷纷倒闭。可有一位叫平松广义的餐馆老板偏偏不信邪，不但不停业，反而利用当时经济不景气、开餐馆费用较低的时机，一口气在东京繁华地段又开了六家法式高级餐厅。平松广义自信地说："不管经济形势有多糟，有钱人总是有的。"他认为，越是在经济衰退时期，越是会有很多人减少去一般餐馆的次数，省下钱去高级餐馆消费。事实也证明了这一点，尽管在平松广义的餐馆就餐花费较高，但仍然顾客盈门，最多一年盈利高达2500万美元。

逆"常"求"反"：成功的经营者善于逆"常"求"反"，以有悖常理的反常规的经营手法和技巧来吸引公众，顺利地实现了经营目标。1974年的香港，"大降价"的彩旗挂满街头，"七折""八折"的标签俯拾即是，而顾客却很少问津，市场极不景气。在这种情况下，金利来有限公司却反其道而行，大幅度提价出售领带，此举被同行们当作不识时务的笑料。结果提了价的金利来领带，不仅没有因提价而影响销售，反而销路大开，并从此创出了国际市场的名牌产品。

如法国路易威登公司是家有100多年历史的老牌企业，生产的"LV"皮箱闻名世界、畅销不衰，这家公司一反通常做法，不是大量地增产名牌皮箱，而是有意识地保持其在市场上供不应求的态势，这样反而刺激顾客的购买欲，使产品永保名牌优势，长盛不衰。

经营酒店的人，一般都希望顾客喝的酒越多越好，但在德国有一家叫"凯伦"的酒店却反其道而行之，在酒店的经营规则中明确表示绝不让顾客醉酒。 这家酒店供应的各种美酒也都经过特殊处理，虽然酒香浓郁，但所含酒精度很低。 因此吸引了大批好奇而来的顾客，特别是那些厌恶丈夫酗酒的妻子，更是喜欢这家酒店，有的还经常陪着丈夫来就餐。

逆"新"求"旧"：与产品创新相反，利用人们的怀旧心理，使产品"回归复古"，也能获得成功。 如敞篷轿车，从初兴经二次世界大战至 20 世纪 60 年代中期，曾在美国经历过三起三落的变迁。 20 世纪 70 年代以后，装有空调、音响设备的封顶车渐受欢迎，因此几家大的生产企业先后停止生产敞篷车。 1976 年 4 月 21 日，底特律市长科尔曼·扬甚至煞有介事地为美国最后一辆敞篷轿车举行了"告别仪式"。 从此，敞篷轿车在美国大街上又一次消失。 1981 年，出任濒于破产的美国第三大汽车公司——克莱斯勒公司总裁兼董事长不久的艾科卡，独具慧眼，他看清了汽车造型"高岸为谷，深谷为陵"的变化规律，大胆决定重新生产敞篷轿车。 他先让技术人员改造了一台旧式的敞篷车投石问路。 当他第一次把这辆车开进市中心广场时，就引起极大轰动。 由此，他摸到了美国人想重新坐敞篷车兜风、重温旧梦的心理，回到办公室后，他立即通知制造部，不再做市场调查，马上生产。 1982 年，"道奇 400"新型敞篷车先声夺人，投放市场后十分畅销，竟一气卖了 2.3 万辆之多。

旧报纸，若是卖废品，一斤大约也就几角钱。 但上海江汉路上就有一家老报馆专营《人民日报》《光明日报》《解放日报》和《文汇报》等老报纸，上世纪 60 年代的普通报纸，每张要卖 218 元，就是 20 世纪 80 年代的普通报纸，每张也要卖 128 元。 那些按理说没有收藏价值的普通旧报纸居然在这里还卖得挺火。

这是怎么回事呢？ 原来，店家打出的宣传是这样的：为自己或者亲人买一份生日老报纸吧！ 颜色已发黄的老报纸配以充满怀旧情调的包装，就有了一些历史的韵味。 顾客主要是二三十岁的上海市民，他们或者购买自己出生那一天的报纸，看看自己生日那天世界发生了哪些事，或是买来赠送给长辈，以引发长辈对青春的记忆。

逆"缺"为"优"：缺点与优点，是一对矛盾，利用二者之间的转换，正是逆向思维的方向。 这种方法并不以克服事物的缺点为目的，相反，它是将缺点放大，化弊为利，找到解决方法。 某时装店的经理不小心将一条高档呢裙烧了一个洞，其身价一落千丈。 如果用织补法补救，也只是蒙混过关、欺骗顾客。 这位经理突发奇想，干脆在小洞的周围又挖了许多小洞，并精于修饰，将其命名为"凤尾裙"。 一下子，"凤尾裙"销路顿开，该时装商店也出了名。 逆向思维带来了可观的经济效益。 无跟袜的诞生与"凤尾裙"异曲同工。 因为袜跟容易破，一破就毁了一双袜子，商家运用逆向思维，试制成功无跟袜，创造了非常良好的商机。 再比如，近年来在纺织业中风靡市面的砂洗超细桃皮绒织物，以其身骨飘逸、悬垂，手感柔顺、软糯，织物表面覆盖着一层柔和霜白的如桃皮手感的绒毛的特点，因此热浪滚滚、久销不衰。 众所周知，织物砂洗过后而产生的微绒，以前在成品质检中俗称"灰伤"，一向被视为瑕疵，许多年来，技术人员千方百计用各种方法加以掩饰。针对这一老大难问题，设计师们一反常规，大胆创新，使"灰伤"中的微绒按设计师的思路走，加以各种助剂及特殊的工艺处理，并冠以织物遍身"灰伤"以砂洗之美名，产品竟身价倍增。在这种思维模式下，不是按常规去掩饰缺点，而是放大缺点、张扬缺点，变产品缺点为营销的亮点。

欲"赚"先"亏"：香港有一家花旗参店，推出了"一元超值销售"法，他们把原定价一百元左右的每包参类商品，分拆装成小包出售，每包一元。每位顾客每次只能买一包"一元商品"。这样，再穷的顾客。也买得起高档的商品，富有的顾客也愿意这样少量多次地购买。很快，不同层次的顾客都成了他们的回头客。后来，这家店又推出了一元一斤的蜜枣、一元一枝的当归、一元一两的淮山等等，渐渐地，光顾这里的顾客络绎不绝。

确实，一元商品都是物超所值，店家卖这些商品，都是亏本销售。但是，因为绝大部分顾客不会只买"一元商品"，结果店家吃了小亏占了大便宜，最终仍是大赢家。

若干年前，在美国一座城市郊区有一块荒地的地产老板，一直感叹卖不出好的价钱。他突然灵机一动，想出一个点子。他跑到当地政府，说"我想把这块土地无偿送给政府建一所大学。"但他同时提出的条件是，学校附近的商业、文化娱乐等设施应由他来建设和经营，当地政府自然表示同意。

不久，一所颇具规模的大学便矗立在这块荒凉的土地上。有大学就有学生，有学生就有消费。地产老板随之在学校附近修建了饭店、商场、娱乐设施等，结果生意十分红火，地皮的损失很快就从商业收入中赚了回来。

# 标新立异，化解广告宣传中的难题

在如火如荼的广告大战中，人们几乎置身于广告的海洋中，如何在多如牛毛的广告中脱颖而出并出奇制胜，是摆在所有广告从业人员面前的一道难题。针对这个问题，可以运用反传统的、标新立异、匠心独具的逆向思维创意，因为它具有创新性、个性化、真实性、智慧性等突出特点，慎用、巧用可以使广告脱颖而出并出奇制胜。

广告大师莱斯曾说过："寻求创意的空间，一定要有反其道而行的精神。如果每个人都往东来，想一下，你往西走能不能找到你想要的东西，哥伦布所用的方法既然有效，对你也能有用。"

这就是逆向思维的使用，它是一种反传统的、从相反方向思考问题的方式，它不再墨守成规、因循守旧，而是勇于、敢于、善于超凡脱俗、独辟蹊径，常常让创意和策划工作获得新的突破。其主要特点是逆潮流而行，别人认为不好的方式，我偏偏敢于采用，别人都认为没希望的市场我却偏偏要去开拓。 要能人所不能，言人所未言。

广告界有句名言："在广告业里，与众不同就是伟大的开端，随声附和就是失败的根源。"

创新就是进行广告策划和创意时要别具一格、不落俗套，要给人们新的感受、新的启迪，千篇一律，人云亦云的广告让人看后味同嚼蜡，索然无味。 逆向思维的创意恰如一缕清风，一石激起千层浪，将创新原则展现得淋漓尽致。

西门子公司为了在竞争对手如云的广告战中独树一帜、独占鳌头，针对客户害怕质量问题以及产品坏了无法维修的心理，特意精心设计了广告词："本公司在世界各地的维修人员都闲得无聊。"广告没有从正面夸耀产品质量，而是采取创新性的逆向思维，从侧面强调维修人员都闲得无聊，几乎都要失业，却恰好证明了过关的产品质量问题。 效果明显，令人耳目一新。

七喜汽水为了挤进饮料市场，运用逆向思维把七喜汽水定位成"一种非可乐饮料"，人为地创造出一种新的消费观念：即饮料分为可乐型和非可乐型两种，可口可乐是可乐型饮料的世界之王，而七喜汽水则是非可乐型饮料，促使消费者在两种不同的类型的饮料中选择。 他们打出的广告标题是："你过去到现在一直用一种方式思考吗？ 现在可以改变了。"广告口号则是： "七喜，非可乐。"这一口号被美国广告界公认为是一个辉煌的划时代的广告口号，它打破了传统的思维习惯，不是在七喜汽水瓶里找到"非可乐"的构想，而是在饮用者的头脑中找到了它。 因此，此口号打出的第一年，七喜汽水销量就上升了 15 %。

逆向思维是一种以守为攻、变被动为主动的定位方法，这样可以避开一流企业的锋芒，另辟市场，从侧面与其展开竞争。

　　个性创意必须是一种别出心裁、不同凡响的新观念、新设想、新理念。逆向思维恰巧符合了个性原则，以凸显个性。

　　以闻名世界的广告界最经典的万宝路香烟为例：在20世纪20年代至50年代初，万宝路香烟的销售量是以女性香烟姿态出现的，广告中强调其淡淡的口味"有如五月的温柔"，但这一广告策划未能达到预期效果，市场销售始终不景气。直到20世纪50年代末期，著名的广告大师李奥·贝纳经过深思熟虑后，大胆提出让我们忘记这个常有脂粉的女子香烟，来一个"颠倒阴阳"，重塑一个具有男子汉气概的万宝路全新形象。经过不断的反馈、权衡、斟酌，最后从多种男性形象中确定豪爽粗犷的西部牛仔为单一的品牌形象：一位桀骜不驯的美国西部牛仔骑着雄壮的高头大马，驰骋在辽阔无垠的绿色草原上，同时配以荡气回肠的话外音——"人马纵横，尽情奔放，这就是万宝路的世界"，伴着激励人心的音乐节奏，以强烈的心理震撼力征服了无数美国年轻一代的心，并全面进入国际市场，创造了每年近40亿美元的利润。

　　万宝路香烟原来的目标消费者是女士，而且已经是多年形成的思路，要加以改变，就需要勇气。正是由于广告设计者敢于突破陈旧的思维定式，才能形成新的成功的个性化创意。

　　广告的生命在于真实，这是一个具有普遍意义的原则。任何一个明智的企业家都懂得无信不立。信誉是企业的立身之本，而一般的广告宣传，只提商品或劳务的优点而回避不足，那么广告所传递的信息就是不完整的、片面的，这就会给消费者一种不诚实的印象。 而瑞士一家钟表店却逆流而上，其广告是："本店处理的一批手表走时不精确，请君看准择表。"瑞士钟表作为全球精工业的典范，其产品质量绝对首屈一指。 而它的广告宣传却主动涉及其致命的弱点，可结果不但没有让消费者止步，反而增添了它的诚信度、可信度。

国外的一些知名企业因其目光远大、实力雄厚，更是善于在逆境中抓住机会，利用逆向思维打开销路。

美国阿波罗航空公司的一架波音737客机在起飞后不久发生事故，巨大的爆炸气浪把前舱掀开，一名空中小姐被抛出窗外殉职，所有89名乘客安全生还。 事故震惊世界，舆论哗然。 在常人看来，这一不幸事故的发生，对波音公司是一次沉重的打击，因为这严重影响了波音飞机的声誉。 然而波音公司的广告人却不这样看，他们利用逆向思维，认为这么大的事故本身就是一个最有影响力的新闻，为什么不能把它变成最有影响力的广告宣传呢？ 他们请有关专家对飞机做了全面的检查，对飞行记录做了全面的调查，最后找到了反败为胜的突破口。

事故原因：飞机太旧，金属疲劳。 这架飞机已工作了20年，起落过9万次，大大超过了保险系数，但还能使乘客全部生还，正说明波音公司的飞机质量之高，值得信赖。 这颇具说服力的广告宣传被新闻媒介竞相报道，反而使波音公司名声大振、声誉更佳，事故后的第一个月就收到70亿美元订单。波音公司因祸得福、绝处逢生的成功之道，正是进行逆向思维的结果。

这就是逆向思维在真实性上的体现，给消费者以全面的认识，并引发奇效。

广告是智慧的结晶，是企业独特的生存智慧。其实，凡是大胆启用逆向思维并成功的广告创意，无不体现出广告人的超高智慧，无不千锤百炼、精雕细琢，可谓都是呕心沥血之作。

萨奇兄弟广告公司的成功正是归功于其推出的一则超越常规的充满智慧性的绝妙创意——"怀孕的男人"。这则广告是为英国健康教育委员会制作的，其目的是在社会上掀起反对早孕和未婚先孕的运动。广告的画面上是一个挺着大肚子的男人，旁边有一行文字："假如怀孕的是你，你是否会更加小心一些呢？"这则广告没有有关社会责任的任何说教或严词指责（而这恰恰会使该广告与其他公益广告雷同而流于一般），只是智慧性、开创性地运用逆向思维，用了一个不合常理的男人怀孕的画面，外带一句问话，便将广告主题形象生动地表达了出来，奇思妙想、奇特新颖，从而取得了良好的劝导效果，也因此被视为广告中的经典构想作品。

英国著名作家毛姆未成名之前，虽辛勤耕耘但收获甚少，生活极其艰难。面对写好的书卖不出去，毛姆心急如焚，他决定用登广告的形式促销书。思前想后，他充分发挥他的聪明才智，在各大报刊上登了一条征婚广告："本人喜欢音乐和运动，是个年轻又有教养的百万富翁，希望能和毛姆小说中的主角完全一样的女性结婚。"广告一经推出，立即引起了巨大的轰动，几天后，伦敦的各大书店再也买不到毛姆的书了。

有人说，创意来自于"灵感"，其实，成功的创意尤其是标新立异、匠心独具的逆向思维创意，并不是"无源之水、无本之木"，它来自于对市场的深入了解，来自于对消费者心理的充分把握，来自于传统的文化积淀，更来自敢于突破旧思路的勇气。

## 以低求高，化解求职就业中的难题

　　现代社会竞争越来越激烈，如何成功就业成了很多年轻人初入社会的最大难题。 在这种形势下，如何少走弯路，选择一份能够发挥自己才干的工作呢？ "反弹琵琶"的逆向择业思维，不失为一条有效的择业途径。

　　格莱斯是美国维斯卡亚公司的总裁。 他18岁时有一次在集市上看见一个老人摆了个捞鱼的摊子，向有意捞鱼者提供渔网，人们可以随意地从盆中捞鱼，而捞起来的鱼归捞鱼人所有。 当然世界上没有如此便宜的事情，那个渔网很容易就破碎了。

　　格莱斯也蹲下去捞起鱼来，他一连捞碎了3只网，一条小鱼也未捞到，心中十分懊恼。 他见老人眯着眼看自己，似乎在窃笑自己的愚蠢，便不耐烦地说："老板，你这网子做得太薄了，几乎一碰到水就破了，那些鱼怎么捞得起来呢？"

　　老人回答说："年轻人，你怎么不想想？ 当你想要捞起鱼时，你打量过你手中的渔网是否真有那能耐吗？ 有追求不是件坏事，但是也要了解你自己有没有那个实力！"

"可是我还是觉得你的网太薄，根本就捞不起鱼。"

老人没有说话，接过他手中的渔网，一会儿就捞起来一条活蹦乱跳的小鱼。

"年轻人，你还不懂得捞鱼的哲学！ 这和人们追求事业、爱情和金钱是同一个道理。 当沉迷于一个目标的时候，要衡量自己的实力！ 不要好高骛远。"

古往今来，"人往高处走"已成为激励人们奋发进取、成就事业的共识。 尤其是在现代社会，"人往高处走"也不失为人们求职择业所遵循的基本规律。 按照这一常规，对求职择业者来说，如果能一帆风顺、平步青云，实现"人往高处走"的愿望再好不过，但现实并非如此。 在高处供职，风险大、压力大，是不允许有半点的闪失，一旦在高处发挥不出来作用，或者是被淘汰下来，还不如在低处默默无闻地做点儿踏踏实实的事业充实，以免耽误了大好时光。 辩证地看，高处与低处是相对而言的。 因此，作为一名理智的求职择业者就要具备"人往低处走"的精神，选择需要自己的地方去发挥才干，甘愿根植"低处"锻炼成长，从拼搏的低处走向高处，又何尝不可呢！

一个年轻人从学校毕业以后，来到美国西部想寻找发展的机会，他的理想是当一名出色的新闻记者。 但是，他人生地不熟，一直无法找到合适的工作。 后来，他想起了大作家马克·吐温，于是就写了一封信给他，希望能够得到帮助。

马克·吐温收到来信以后，很快就给年轻人回了信。 信上说："如果你能按照我的要求去做，就一定能得到十分满意的工作。"他还问这个年轻人希望到哪里工作。

年轻人十分高兴，马上回信给马克·吐温，说明了自己的想法。于是，马克·吐温又告诉他："你可以先到这家报社，告诉他们你现在不要工资，只是想找一份工作，打发自己的时光。一般情况下，人家是不会拒绝不要工资的人来白干的。得到工作以后，就努力干，把采写的新闻交给他们，然后再发表出来，这样，你的名字就会慢慢地被别人知道。如果你很出色，那么，就能导致很多报社请你去。然后你就可以到主管那里对他说："如果给我合适的工资我就会继续留在这里。当然，他们是不会轻易放弃一个有经验的好记者的。"

年轻人听了这些话，有些怀疑，但是，还是按照马克·吐温的办法去做了。过了一段时间，他果然接到了别的报社的聘书。而这家报社知道以后，以高出别人很多的薪金来挽留他。

现在人才市场属购方市场。但很多年轻人总想一步到位。其实，求职往往更需要逆向思维，马克·吐温在上一个世纪为这个青年人设计的绕道求职之路，在今天仍具有实在意义。我们也不妨效法这条独特的求职方法，同时注意提高自己的才能，积蓄力量，才能变被动为主动。

有一位大学生，在校时成绩很好，大家对他的期望也很高，认为他必定会成就一番大事业。

他是成就了一番事业，但不是在政府机关或在大公司里有成就，而是卖蚵仔面线卖出了成就。他那时还没找到工作，就向家人"借钱"，把店面买了下来。因为他对烹饪很有兴趣，便自己当老板，卖起蚵仔面线来。他的大学生身份曾招来很多不理解的眼光，也为他招来不少生意。他自己倒从未对自己学非所用及高学低用产生过怀疑。

现在呢，他还在卖蚵仔面线，但也搞投资，钱赚得比一般人不知多多少倍。

放下身价，路会越走越宽。那位同学如果不去卖蚵仔面线或许也会成就大事。但无论如何，他能放下大学生的身价，还是很令人佩服的。你不必学他非得去做类似的事情不可，但在必要的时候，确实也应现实一点儿，放下身价，要在特定的情况下以屈求伸。一个人要成大事必须具备此精神。

人的"身价"是一种"自我认同"，并不是什么不好的事，但这种"自我认同"也是一种"自我限制"，也就是说"因为我是这种人，所以我不能去做那种事"。而自我认同越强的人，自我限制便越厉害，千金小姐不愿意和下女同桌吃饭，博士不愿意当基层业务员，高级主管不愿意主动去找下级职员，知识分子不愿意去做"不用知识"的工作……他们认为，如果那样做，就有失他们的身份。

其实这种"身价"只会让人的路越走越窄，这并不是说有"身价"的人就不能有得意的人生，就不能成大事。而是说在非常时刻，如果还放不下身价，就会让自己无路可走。

有一位留美的计算机博士，毕业后想在美国找一份理想的工作，由于他要求太高，结果好多家公司都不录用他。思来想去，他决定收起所有的学位证明，以一种"最低身份"去求职。

不久他就被一家公司聘为程序录入员。 这对他来说简直是小菜一碟，但他仍干得一丝不苟。 不久，老板发现他能看出程序中的错误，非一般的程序录入员可比。 这时他才亮出学士证，老板给他换了个与大学毕业生对口的工作。

过了一段时间，老板发现他时常能提出许多独到的有价值的建议，远比一般的大学生要高明，这时，他又亮出了硕士证，老板随后又提升了他。

再过了一段时间，老板觉得他还是比别人优秀，就约他详谈，此时他才拿出了博士证。 由于老板对他的水平已有了全面的认识，就毫不犹豫地重用了他。

所以说，人不怕被别人看低，而怕的恰恰是人家把你看高了。 看低了，你可以寻找机会全面地展现自己的才华，让别人一次又一次地对你"刮目相看"，你的形象会慢慢地高大起来；可被人看高了，刚开始让人觉得你多么的了不起，对你寄予了种种厚望，可你随后的表现让人一次又一次地失望，结果是越来越被人看不起。

能放下身价的人能比别人早一步抓到好机会，当然也就能比别人具有更多的成大事的资本。

你如果想在社会上成就一番事业，那么就要放下身价，即要放下你的学历、家庭背景、身份，让自己回归到"普通人"中。

维斯卡亚公司是 20 世纪 80 年代美国最为著名的机械制造公司，其产品销往全世界，并代表着当今重型机械制造业的最高水平。 许多人毕业后到该公司求职遭拒绝，原因很简单，该公司的高技术人员爆满，不再需要各种技术人才。但是令人垂涎的待遇和足以自豪、炫耀的地位仍然向那些有志的求职者闪烁着诱人的光环。

史蒂芬是哈佛大学机械制造业的高才生。和许多人的命运一样，他在该公司每年一次的用人测试会上被拒绝了，其实这时的用人测试会已徒有虚名。史蒂芬并没有死心，他发誓一定要进入维斯卡亚重型机械制造公司。于是，他采取了一个特殊的策略——假装自己一无所长。

他先找到公司人事部，提出为该公司无偿提供劳动力，请求公司分派给他任何工作，他都不计任何报酬来完成。公司起初觉得这简直不可思议，但考虑到不用任何花费，也用不着操心，于是便分派他去打扫车间里的废铁屑。

一年来，史蒂芬勤勤恳恳地重复着这种简单但是劳累的工作。为了糊口，下班后他还要去酒吧打工。这样，虽然得到老板及工人们的好感，但是仍然没有一个人提到录用他的问题。

20世纪90年代初，公司的许多订单纷纷被退回，理由均是产品质量问题，为此公司将蒙受巨大的损失。公司董事会为了挽救颓势，紧急召开会议商议对策，当会议进行一大半却未见眉目时，史蒂芬闯入会议室，提出要直接见总经理。

在会上，史蒂芬把对这一问题出现的原因作了令人信服的解释，并且就工程技术上的问题提出了自己的看法，随后拿出了自己对产品的改造设计图。这个设计非常先进，恰到好处地保留了原来机械的优点，同时克服了已出现的弊病。

　　总经理及董事会的董事见到这个编外清洁工如此精明在行，便询问他的背景以及现状。史蒂芬当即被聘为公司负责生产技术问题的副总经理。

　　原来，史蒂芬在做清扫工时，利用清扫工到处走到的特点，细心察看了整个公司各部门的生产情况，并一一作了详细记录，发现了所存在的技术性问题并想出解决的办法。为此，他花了近一年的时间搞设计，获得了大量的统计数据，为最后一展雄姿奠定了基础。

　　所以说，"放下身价"比放不下身价的人在竞争上多了几个优势：能放下身价的人，他的思考富有高度的弹性，不会有刻板的观念，从而能吸收各种资讯，形成一个庞大而多样的资讯库，这将是他成大事的本钱。

　　美国一位大富商年轻时，曾在福特汽车公司助理柯金斯处任秘书。一天晚上，公司要发通知给所有下属的经理，事情紧急，在场职员都来帮忙。可是，这个年轻的秘书却认为，做这种事情有失身份，他说："我到公司来，不是来做套信封的事的。"柯金斯听后大怒，说："好吧，这件事既然对你是一种侮辱，你可以离开这里。"

　　秘书被炒鱿鱼后，试了不少工种，四处碰壁，结果还是硬着头皮回到福特公司。这次，他虚心了许多，对柯金斯说道："我在外面经历了不少，却总是希望回到这里，你还要我吗？"

　　"当然要"，柯金斯说，"因为你现在已经完全变了。"

　　可见，如果你被上司安置在不被人关注的位置上，特别是当你羽翼未丰的时候，那是你的幸运。 因为这样的位置很少被干扰，没有竞争，你可以像参禅者那样，潜心修行专业，修行处世之道，当然这种修炼对你以后的做人做事会有很大的帮助。 总而言之，从卑微处起步，更益于立身。

# 以屈求伸，化解职业生涯中的难题

在职场中，经常会听见有人说一些诸如"今天又被老板骂了""我明天一定辞职"等闹情绪、想不开的抱怨，这样抱怨真的很可爱，因为他们年轻气盛，因为他们初出茅庐，他们的气节值得欣赏，但不值得学习。如果能冷静下来，用逆向思维的方式思考一下，将会对你的职业生涯具有莫大的帮助。

李刚学的是美术设计，大学毕业后到一家广告公司上班。学生时代学的更多的是理论，真正到了实践操作过程，李刚才发现自己是多么的孤陋寡闻，很多软件和程序都是自己从未接触过的。凡事开头难，一开始，李刚很不习惯，设计出的作品总是缺点多多，老板不止一次地说他，李刚面子薄，挂不住的时候，就想到了辞职。

辞职后，李刚又到了另外一家广告公司，在那里李刚受到的待遇还是一样，作品不成熟，老板三番五次地批评，但这次李刚并没有选择离开，他悟出了一个道理，刚刚参加工作，怎么会不受气呢？新人总是要经历磨难和实践的。而且李刚还暗暗给自己打气，一定要做出点成绩来，到时候自己再主动辞职，气死这个老板。

慢慢地，老板训他的次数越来越少，他的作品也越来越成熟，第二个年头，李刚的一个设计作品还在全省获了奖，这个时候李刚反倒不想走了，而且还感激老板早先的训斥，如果没有当初的那些批评，自己可能就不会进步，就不会有今天的成绩。

很多人可能和李刚遇到的情况一样，最开始总是被老板批评，他们表现出来的一面就是咽不下这口气，面子薄，所以选择了辞职，另找庙门。可是事过以后反过来想想，事实也并不是那么差劲，多忍一忍，挺一挺，给自己打打气，不就都过去了吗，在外面工作，要有好心态、大气量，哪有不受气的。

在现代职场中，下属日夜苦干，到头来，一切功劳却被上司这只"大尾巴狼"一口叼走，实在是可怜。这种情况可以说是司空见惯。

小田从毕业时进去的公司跳出来后，在一家刚成立的咨询公司做销售。三个多月做下来，小田形容自己是巨石下的小草，拼命挺直身子，在公司里挣扎活命。主要原因就是自己做成的客户，汇报到老板那里都变成顶头上司的业绩。顶头上司原本是凭借骄人的工作经历被招进公司直接做客户总监，仅比小田早进公司两个多月。据说客户总监在小田进公司前的业绩平平，小田进公司后，才有了点"高歌猛进"的意味，而老板完全不知道这其中小田的功劳。

类似小田情况的职场人士有很多，尤其是在那种管理还未踏上正轨的小公司打工，大多数人都是忍气吞声或是一走了之，很少有人去和自己不平等的遭遇做无谓的抗争，最后遂了"大尾巴狼"上司的愿，为他们的职业经历又加了一笔"财富"，自己却又风餐露宿继续找工作。

除了遭遇上司"抢功"，很可能还会出现这样的情况：某件事情明明是上级领导耽误了或处理不当，可在追究责任时，上司却指责自己没有及时汇报或汇报不准确。

在某机关中就出现过这样的事。部里下达了一个关于质量检查的通知后，要求各省、市的有关部门届时提供必要的材料准备汇报，并安排必要的检查。某市轻工局收到这份通知后，照例是先经过局办公室主任的手，再送交有关局长处理。这位局办公室主任看到此事比较急，当日便把通知送往主管的某局长办公室。

当时，这位局长正在接电话，看见主任进来后，只是用眼睛示意一下，让他把东西放在桌上即可。然而，就在检查小组即将到来的前一天，部里来电话告知到达日期，请安排住宿时，这位主管局长才记起此事。他气冲冲地把办公室主任叫来，一顿呵斥，批评他耽误了事。在这种情况下，这位主任深知自己并没有耽误事，真正耽误事情的正是这位主管局长自己，可他并没有反驳，而是老老实实地接受批评。事过之后，他又立即到局长办公室找出那份通知，连夜加班、打电话、催数字，把需要的材料准备齐整。这样，局长也愈发看重这位忍辱负重的好主任了。

为什么他明明知道这件事不是他的责任，却又闷着头承担这个罪名呢？很重要的一点就在于，这位主任知道，必要的时候必须为上司背黑锅。这样，尽管眼下自己会受到一点儿损失，挨几句批评，但到头来，自己仍然会有相当大的好处。事实证明他的想法和做法是正确的。

某公司秘书科的小李在接到一家客户的电报后，立即向经理做了汇报。可就在汇报的时候，经理正在与另一位客人说话，听了小李的汇报后，他只是点点头，说了声："我知道了。"便继续与客人会谈。

两天以后，经理把小李叫到了办公室，怒气冲冲地质问他为什么不把那家客户打来的电报告诉他，以至于耽误了一大笔交易。莫名其妙的小李本想向经理申辩几句，表示自己已经向他作了及时的汇报，只是当时他在谈话而忘了。可经理连珠炮式的指责让小李简直没有插话的机会。而且，站在一旁的经理办公室主任老赵也一个劲地向小李使眼色，暗示她不要申辩。这就更弄得小李糊涂不解了。经理发完火后，便立即叫小李走了。一块出来的老赵告诉小李，如果你当时与经理申辩，那你就大错特错了。听了老赵的话，小李更是丈二和尚摸不着头脑，弄不清其中的奥秘。

事情过了很久，小李才逐渐明白了其中的道理。原来，这位经理也知道小李已经向他汇报过了，也的确是他自己由于当时谈话过于兴奋而忘记了此事。但是，他可不能因此而在公司里丢脸，让别人知道他渎职耽误了公司的生意，而必须找个替罪羊为自己开脱。所以，经理的发怒与其说是针对小李，还不如说是给全公司听的。但是，如果小李不明事理据理力争，这样，不仅不会得到经理的承认，而且很可能因此而被解雇。

那么，是不是在上司错怪了自己之后，都不要去申辩呢？

切不可简单地下这样的结论。 如果我们仔细地分析上述例子便可以发现，经理之所以如此责怪小李，是因为事关经理自己本身。 假如事情不是这样，那就另当别论了。

没有哪个人是喜批评恶赞美的，除非"被虐待狂"。 年轻人如因工作失当或绩效不彰，成为老板发泄愤怒的"受气包"，对谁都是痛苦和可怕的体验。 纵然如此，我们也不可以将不满的情绪写在脸上。 不卑不亢的表现令你看起来更有自信、更值得人敬重，让人知道你并非一个刚愎自用或是经不起挫折的人。

对待态度不那么友好的老板，我们要学做"听诊器"，设法了解其内心活动和真实意图，进行"换位思考"。 同时还要学做"变压器"，要知道作为下级，我们不可能去左右上级的态度和做法，只要老板的出发点是好的，哪怕态度生硬一些、言辞过激一些、方式欠妥一些，作为下属也要适当给予理解和体谅。

因此，对自己的上司，你不可能事事据理力争。 对于自己老板的某些指示、某些命令，由于主观理解上的偏差而得不到很好的实施，而你却已经尽了最大努力，在这种情况下，上司、老板、领导对你批评和指责是很正常的，不要急于辩解，认为自己无比委屈，其实错误就在你的身上。

张华所在的公司规模不大，由于勤奋与努力，领导对他委以重任。 谁知一件小事让这一切前功尽弃。

第二天要开会，头天晚上张华熬夜赶写重要报告。 第二天开会前 15 分钟，他才赶到写字楼，开会时笔记本电脑又出了毛病。 最终电脑被修复了，报告也效果良好，不过，比原定时间晚了一个多小时。

会后，领导批评了他，还扣除当月奖金。当时，张华感到非常"委屈"，通宵达旦将报告做得完美，结果却是这样。他不顾同事阻拦，到领导面前解释："我不是故意的，机器的故障和晚到的理由都只是碰巧。"面无表情的领导只说了一句："这种理由不能称其为理由，我只看结果。"由于和领导的关系越闹越僵，张华主动离了职。

几年后，遇见了过去的同事，同事说："其实你很适合那个岗位，只不过当时有些冲动，不知退让一步，领导也不过想要你一个妥协的态度而已。"听了这番话，张华伫立着半天无语……

在习惯上，有的领导者以工作为中心实施领导；有的领导者以关系为中心实施领导；有的领导者习惯于运用表扬；有的领导者习惯于运用批评。

在性格上，有的领导者是外向性格，善于交际和言谈；有的则内向，不善交际；有的领导者性情较急，办事喜欢雷厉风行；有的则性子较钝。

在领导方式上，有的领导者较专制，个人决定较多，强调下属服从和执行；有的领导者比较民主，遇事善于听取下属意见，力求上下融洽一致。所以说，作为下级，要使自己与领导的关系处于和谐状态，就必须看到它的必然性，承认它的客观性，尊重它的存在性，最重要的是作为下属一定要增强对领导的适应性。

一般说来，上司在德、才、学识等方面要比下属高一筹，具有一定的领导水平。如工作经验丰富，有较强的组织、管理能力，政策性、原则性强，看问题有全局观念等。 也有一些上司有一些因人而异的个性方面的优点，如性格直爽、办事果断、工作细心、生活俭朴、思想开放、勇于改革等等，这些都值得下属的尊重和学习。 当然，也有人可能这么讲：我们的上司水平太低，令人无法尊重。 如果这样想，实际上就不容易尊重上司，表面服从，心里不服，甚至经常顶撞上司，上司分配给你的工作也不愿接受，搞得关系紧张。 当然我们也承认，不是每位领导都具备高水平的能力，每一方面都超越下级。 "金无足赤，人无完人"，不要认为只有"完人"才值得尊重。 刚踏上工作岗位的朋友，都希望自己能遇到一位很有水平的上司，能作为自己行动的楷模。 如果把上司过于理想化，未免脱离实际。 一个善于学习的下属必须本着谦虚学习、提高自己的态度，尊重上司，并注意学习和吸收上司的长处，建立乐于服从的观念。 这是处理好与领导关系的最基本方法。

朱元璋平定天下后，登上皇位，封开国功臣徐达为中山王。 朱元璋喜欢下棋，有一天同徐达在莫愁湖边的楼上下棋，连输了三盘，就把这座楼连同莫愁湖赐给徐达，并让人在这座楼挂上"胜棋楼"的匾额。 徐达对朱元璋感激万分。 可是，事后朱元璋暗想：你不谦虚推辞，竟挂上什么"胜棋楼"的匾额，这不是存心往我脸上抹黑吗？ 常言说，下棋如同行军作战。 你逼我输了棋，唯恐天下人不知晓，还挂上一块匾，这不是明明让人家想到，如果我跟你真刀真枪两下对阵的话，少不得也是你的马前败将哩！ 好，这份怨仇一定记下！后来，徐达后背生了一种毒疮，叫背疽，据说这种病最忌吃鹅，朱元璋却派人送去熟鹅一只。徐达明知这是要他自尽，也只好强咽肚里，但直到临死，也百思不得其解。他哪里知道，就是为了那座"胜棋楼"，朱元璋怀恨在心，他才招来杀身之祸。

其实朱元璋输棋后，赐给徐达的楼上挂"胜棋楼"只不过是客气客气，作为下属的徐达不能仅存感激之心而默默接受，因为皇帝是至高无上的，他已习惯了任何人任何事都不能超越自己。徐达没有看到这一点，遭遇杀身之祸，应该说也是一种必然。

# 第五章

## 打破思维的定式：运用逆向思维的关键

在许多人的头脑中，都戴着很多无形的枷锁——规则、经验、惯性、盲从和自我设限等等，只有打破这些思维定式，才能自如地运用逆向思维。

## 克服惯性，跨越常规的樊篱

美国康奈尔大学威克教授做过这样一个试验：拿一只敞口玻璃瓶，瓶底朝光亮的一方，放进一只蜜蜂。蜜蜂在瓶口反复朝有光亮的方向飞，它左冲右突，努力了多次，都没有飞出瓶子。尽管这样，它还是不肯改变突围方向，仍旧按原来的方向去冲撞瓶壁。最后，它耗尽了气力，累死了。

接着，教授又放进了一只苍蝇。苍蝇也向有光亮的方向飞，突围失败后，又朝各种不同方向尝试，最后终于从瓶口飞走了。

蜜蜂认为，瓶子的出口必然在光线最明亮的地方，它们不停地重复着这种合乎逻辑的行为。对蜜蜂来说，玻璃是一种神秘之物，它们在自然界中从没遇到过这种不可穿越的"大气层"。而它们的智力越高，这种奇怪的障碍就越显得不可理解。

那些愚蠢的苍蝇则对事物的逻辑毫不留意，全然不顾亮光的吸引，四下乱飞，结果误打误撞地碰上了好运气，最终发现那个出口，并因此获得自由和新生。

一位哲人曾经说过："我们从清晨起床到晚上睡觉，百分之九十九的动作，纯粹是下意识的、习惯性的行为。穿衣、吃饭、跳舞，乃至日常谈话的大部分方式，都是由不断重复的条件反射行为固定下来的千篇一律的习惯。"

一般认为，习惯是一种非创造性的因循守旧的形式。所谓习惯，就是我们已经熟练掌握的不假思索的自动调节的反应行为和适应行动。习惯可以使我们不饥而食，不困而眠，不愠而吼，不思而行，压制合理的思想而不给它出头的机会。

习惯是人们习以为常的东西。习惯了，就不以为然，总觉得一切习以为常的东西是永恒的，不可改变的。殊不知，世上的万事万物从来没有静止不变的。太舒适的环境也许就是最危险的地方，很习惯的生活方式也许就是你最危险的生活方式。不断创新，换一个方向你会发现，其实，曾经持有的信念有时会是错误的，而任何事情也都有改善的地方。

但是，改变习惯往往使我们感到不方便和不舒服。已经养成的习惯，就像一双旧鞋一样。我们知道，旧鞋之所以舒适，是因为它与双脚最为相合，一旦穿上就舍不得脱下。如此看来，新的尝试、新的经验往往就像一双新鞋，早就希望得到它，一旦穿上却又觉得有几分不适。

于是，习惯带给人们的束缚，无形中产生"应该这样做"的观念，而许多想法与意见就在这种"理所当然"中受到限制，这是一种无形的自我限制，使人的潜能无法获得适当的开发。人一旦形成了某种认知，就会习惯地顺着这种定式思维去思考问题，习惯性地按老办法想当然地处理问题，不愿也不会转个方向解决问题，这是很多人的一种愚顽的"难治之症"。

美国的一个城市有座著名的高层大厦，因客人不断增多，很多人常常被堵在电梯口。大厦主人决定增建一座电梯。电梯工程师和建筑师为此反复勘测了现场，研究再三，决定在各楼层凿洞，再安装一部新电梯。不久，图纸设计好了，施工也已准备就绪。这时，一个清洁工人听说要把各层地板凿开装电梯，便说："这可要搞得天翻地覆哎！"

"是啊！"工程师回答说。

"那么，这个大厦也要停止营业了？"

"不错，但是没有别的办法。如果再不安装一部电梯，情况比这更糟。"

"要是我呀，就把新电梯安装在大楼外边。"清洁工不以为然地说。

有人也许会问，论知识水平工程师比清洁工高得多，却为什么想不到这一点呢？说来也不奇怪。原来在这两位工程师的心目中，楼梯不管是木制的、混凝土的还是电动的，都是建在楼内之梯。如今要新增电梯，理所当然地也只能建在楼内，楼外？他们连想也没想过。

清洁工人却根本没有这个框框。她所想的是实际问题，是怎样不影响公司正常营业，本人也不至于失去工作。于是她便很自然地提出把新电梯建在楼外的想法。

言者无意，听者有心。清洁工的一句话打破了两位工程师的思维习惯，开通了他们的创新思路。世界上第一部在大楼外安装的电梯就这样诞生了。

# 放弃经验，已知的东西会妨碍你前进

　　绝大多数动物往往是循着本能生存，一旦它们对一项事物形成某种认知，这种认知就会像一层透明的玻璃板，阻碍它们做出些微的改变。

　　白斑狗鱼是一种以其他鱼类为食的大型淡水鱼，极富攻击性。 科学家们曾做过这样一个实验：一只玻璃缸被一道玻璃隔板分为两半，一条白斑狗鱼被放在一半玻璃缸中，在玻璃缸的另一半中放了许多小鱼。 这条饥饿的白斑狗鱼为吃到小鱼进行了无数次尝试，但结果总是撞到玻璃上。 慢慢地，白斑狗鱼放弃了攻击。 后来，实验人员把玻璃隔板小心翼翼地移开，让所有的鱼都在缸中游动，但是白斑狗鱼没有再攻击或者掠食这些小鱼。 这个现象称作"白斑狗鱼综合症"。

　　白斑狗鱼在多次攻击小鱼遭遇失败之后，便不再进行尝试。 它是基于已有的经验才不去袭击小鱼的。 我们经常像这只白斑狗鱼一样：每次处理一个问题时，我们都会把积累的经验施加在这个问题上。 但是这会把我们的假设和偏见也包括进去——有意识的或无意识的。 这种精神上的包袱会阻止我们接受创新观点，只会顺其自然地去做一件事情。

为什么我们这么依赖经验呢?

因为从小到大，我们几乎就是伴着"不听老人言，吃亏在眼前"的训斥长大的，这些"老人言"就是我们的"准则"，我们的"规范"，非听不可。 在以前科学不甚发达、经验至上的年代，"老人言"大抵为"经验之言"，无论是生产经验还是生活经验，对后生小子都有极大的指导作用。 如果拒绝老人的"言传口授"，在实践中难免会碰壁摔跤、大吃苦头。这种"经验之言"，是不可不听的。

然而，鞋子总有穿破的一天，经验也会有"老化"和"过时"的一日。 尤其在今天这个信息爆炸、瞬息万变的时代里，过去成功的经验，往往就是此刻失败的最大原因。

从前，有一个卖草帽的人，他每一天都很努力地卖着帽子。 有一天，他叫卖得十分疲累，刚好路边有一棵大树，他就把帽子放下，坐在树下打起盹来。 等他醒来的时候，发现身旁的帽子都不见了，抬头一看，树上有很多猴子，而每只猴子的头上都有一顶草帽。 他十分惊慌，因为如果帽子丢了，他将无法养家活口。 突然，他想到，猴子喜欢模仿人的动作，他就试着举起左手，果然猴子也跟着他举手;他拍拍手，猴子也跟着拍手。 他想，机会来了，于是他赶紧把头上的帽子拿下来，丢在地上。 猴子也学着他，将帽子都扔在地上。卖帽子的高高兴兴地捡起帽子，回家去了。 回家之后，他将这件奇特的事告诉他的儿子和孙子。

很多很多年后，他的孙子继承了家业。 有一天，在卖草帽的途中，他也跟爷爷一样，在大树下睡觉，而帽子也同样被猴子拿走了。 孙子想到爷爷曾经告诉他的方法。 于是，他举起左手，猴子也跟着举左手；他拍拍手，猴子也跟着拍拍手。果然，爷爷所说的话真的很管用。 最后，他脱下帽子，丢在地上。 可是，奇怪了，猴子竟然没有跟着他做，还是直瞪着他看个不停。 不久之后，猴王出现了，把孙子丢在地上的帽子捡了起来，还很用力地朝着孙子的后脑勺打了一巴掌，说："开什么玩笑！ 你以为只有你有爷爷吗？"

这个故事告诉我们，再好的经验也会成为过去，如同高科技产品一样，今天是博览会上的高、精、尖，明天就可能成为博物馆里的"古董"。

经验告诉我们的只是过去成功的过程，而不是未来如何成功。 你千万不要以为在人生这个广袤的大海里，只能抱着那些曾经的经验，在祖辈开辟的领海中游弋。 只要转一个方向，你就会发现，因为一次海底火山喷发，你又多了一个阳光、温度、盐度、养分和压力都非常适宜的水域。

在日常生活中，有的人习惯于遵循老传统，恪守老经验，宁愿平平淡淡做事，安安稳稳生活，日复一日、年复一年地从事别人为他们安排的重复性劳动。

这些人思想守旧，心不敢乱想，脚不敢乱走，手不敢乱动，凡事小心翼翼、中规中矩，虽然办事稳妥，但绝不会有太大出息。

与恪守老经验的人不同，喜欢逆向思维的人却长了一身的"反骨"，别人拿苹果直着切，他偏偏横着切，看看究竟有啥不同；别人说"不听老人言，吃苦在眼前"，他偏不听，偏要自己闯闯看。 逆向思维者不愿死守传统，不愿盲从他人，凡事喜欢自己动脑筋，喜欢有自己的独立见解。 他们思想开放、不拘小节、兴趣很多、好奇心重，喜欢标新立异，最爱别出心裁。 因此，逆向思维者脑瓜活、办法多，最能创造出好成绩。

一位年轻有为的炮兵军官上任伊始，到下属部队视察操练情况，发现一个奇怪的现象：在操练中，总有一名士兵自始至终站在大炮的炮管下面，纹丝不动。 军官不解，询问原因，得到的答案是：操练条例是这样规定的。

军官回去后反复查阅军事文献，终于发现，长期以来，炮兵的操练仍遵循非机械时代的规则。 过去，大炮是由马车牵引到前线的，站在炮管下的士兵的任务是负责拉住马的缰绳，在大炮发射后，便于炮手调整由于后坐力产生的距离偏差，减少再次瞄准所需的时间。

现在大炮的自动化和机械化程度很高，已经不再需要这样一个角色了，而马车拉炮也早就不存在了，但操练条例没有及时调整，因此才出现了不拉马的士兵。 军官的发现使他获得了国防部的嘉奖。

在这个瞬息万变的时代，经验不等于永远正确。 我们应该利用好经验，而不是受它们的束缚。

## 拒绝盲从，避免随大流

　　几乎每个人都知道现代经济学上的鲶鱼效应，但是很少有人知道人类学上还有个鲦鱼启示录。 如果仅将鲦鱼的实验拿来解释人类行为，可能不见得完全合理，但就人类与其他生物事实上具有的某些共通性的特征而言，鲦鱼的实验为人类至少提供了一个警讯式的启示。

　　鲦鱼是一种群居的鱼类，这是因为他们没有太大的能力去攻击其他鱼类的缘故。 通常他们有一个聪明且活动力强的首领，其他的鲦鱼便追随在它后面，亦步亦趋地形成一种极有趣味的马首是瞻的生活秩序。

　　有好事的动物行为专家曾做了一个实验，他们将一条鲦鱼的脑部割除，然后将这条鱼放入水中，此时，它不再游回群体，相反的，却任凭自己的喜好而游向任何方向。 令人惊讶的是，其他鲦鱼这时都盲目地跟随着它，使得这条无脑的鲦鱼成为鱼群的领导者。

　　在这个故事中，其实无脑的鲦鱼并不重要，重要的是那一大群盲目从众"随大流"的追随者。 例如，一个人走进候诊室，向四周一看，感到十分惊讶：先来的人都只穿着内衣裤坐着等候。 他们穿着内衣裤喝咖啡、抽烟、读报、聊天。 这个人起初迷惑不解，后来断定这群人说不定知道一些他所不知道的内情。 20秒钟后，他也脱下外衣，坐着候诊。 又如，有个人在办公大楼耐心地等电梯，当梯门打开时，他看见电梯内每个人面朝内，背朝外。 于是，当他踏进电梯后，也面朝内，背朝外。

在生活中，每个人都有不同程度的从众倾向，总是倾向与顺应大多数人的想法或态度，以证明自己并不孤立。 研究发现，持某种意见的人数的多少是影响从众的最重要的一个因素，"人多"本身就是说服力的一个证明，很少有人能够在众口一词的情况下还坚持自己的不同意见。

通用汽车公司的斯隆有一次主持董事会时，有位董事提出了一项建议，其他董事立即表态支持。 附和者说："这项建议将使公司大发利市。"另一位说："应尽快付诸实施。"第三人起立表示："实施这项建议可击败所有竞争对手。"当与会者纷纷表示赞成时，斯隆提议依序表决。 结果，大多数人点头赞成。 最后轮到斯隆，他说："我若也投赞成票，便是全体一致通过。 但是，正因如此，我打算将此议案推迟到下个月再做最后决定，我个人不敢苟同诸位刚才的讨论方式，因为大家都把自己封闭在同一个思考模式里，这是非常危险的决策方式。 我希望大家用一个月时间，分别从各个不同方面研究这项议案。"

一个月之后，该议案遭到董事会否决。

1952 年，美国心理学家所罗门·阿希做了一个实验，研究人们会在多大程度上受到他人的影响，而违心地做出明显错误的判断。 他请大学生自愿做他的试验者，告诉他们这个实验的目的是研究人的视觉情况。 当某个大学生走进实验室的时候，他发现已经有 5 个人先坐在了那里，他只能坐在第 6 个位置上。 事实上他不知道，其他 5 个人是跟阿希串通好了的，即所谓的"托儿"。

阿希要大家做一个非常容易的判断——比较线段的长度。他拿出一张画有一条竖线的卡片，让大家比较这条线和另一张卡片上的 3 条线中的哪一条线等长。 实验共进行了 18 次。事实上，这些线条的长短差异很明显，正常人是很容易做出判断的。

然而，在两次正常判断之后，5 个"托儿"故意异口同声地说出一个错误答案。 于是那个人开始迷惑了，他是相信自己的眼力呢，还是说出一个和其他人一样但自己心里认为不正确的答案呢？

从结果看，平均有 33％的人的判断是从众的，有 76％的人至少做了一次从众的判断。 而在正常的情况下，人们判断错的可能性还不到 1％。 当然，还有 24％的人没有从众，他们按照自己的正确判断来回答问题。

木秀于林，风必摧之。 压力是从众的一个决定因素。 在一个单位内，谁做出与众不同的判断或行为，谁往往就会被其他成员所孤立，甚至受到严厉惩罚，因而所有成员的行为往往高度一致。 美国霍桑工厂的实验很好地说明了这一点：工人对自己每天的工作量都有一个标准，因为任何人超额完成都可能使管理人员提高定额，所以，没有人愿意去打破这个标准。这样，一个人干得太多，就等于冒犯了众人；但干得太少，又有"磨洋工"的嫌疑。 因此，任何人干得太多或者太少都会被提醒，而任何一个人冒犯了众人，都有可能被抛弃。 为了免遭抛弃，人们就不会去"冒天下之大不韪"，而只会采取"随大流"的做法。

当然，从众行为有时是必要的。 社会生活需要互相合作，如果没有一致的行动，社会组织势将崩溃。 况且在特定的情况下，当你茫然不知所措时，仿效他人的行为和见解不失为一种权宜之计。 假如你走进一家自助洗衣店而不知如何操作洗衣机，这时你或许应观察别人的操作方法，然后如法炮制。

然而，从众牺牲了我们的个性，妨碍我们产生新的创见，压抑了个人的独创精神。 如果大多数人的想法都很接近，就等于没有人真正开动脑筋。 所以，从一定意义上说，随众附和的态度不利于创造性思维，而独立思考的个性则有助于发展创造力。

## 敢于挑战，在心理上打破自我设限

我们在人生的经历之中，几乎做每一件事情，都会面临两堵墙的阻力：一道是外显的墙，那是整个外部大环境的围墙；另一道是内隐的墙，这是我们心中自我设限的围墙。而决胜的关键往往在于我们心中的那一道墙。

很多人花费极大的力气去寻找人生无法成功的原因，当他们寻根究底地查找到"罪魁祸首"的时候，却往往发现正是由于自己内心里的自我设限造成了失败。

要推翻自我这堵围墙，最重要的一点就是要在心理上打破自我设限，确实了解自我并认清环境，在自我与环境中摸索出突破的方向。尽管这并不容易做到，但是你却必须做到，除非你不希望自己是一个成功者。你不必担心突破后的进展，因为当你的优势得到高度发挥的时候，你会越来越有信心，你想获得的成就也就会随之而来。到那时你会发现，其实成功就那么简单，你能做得远远比现在更好。

以前的人一定认为"水不可倒流"，我们知道，那是因为他们还没有找到抽水的方法；现在的人一定认为"太阳不可能从西边出来"，未来的人可能会说，那是因为你们还没有找到让人类能居住的另一个"太阳正好从西边出来"的星球而已。

许多事不是不可能，只是暂时没有找到方法。我们不要给自己太多的框框，不要总是"自我设限"，只要轻轻转一个方向，我们一定能找出使"不可能"成为"可能"的方法。

拿破仑·希尔问 PMA 成功之道训练班上的学员："你们有多少人觉得我们可以在 30 年内废除所有的监狱？"

学员们显得很困惑，怀疑自己听错了。一阵沉默以后，拿破仑·希尔又重复："你们有多少人觉得我们可以在 30 年内废除所有的监狱？"

确信拿破仑·希尔不是在开玩笑以后，马上有人出来反驳："你的意思是要把那些杀人犯、抢劫犯以及强奸犯全部释放吗？你知道这会有什么后果吗？那样我们就别想得到安宁了。不管怎样，一定要有监狱。"

"社会秩序将会被破坏。"

"某人生来就是坏坯子。"

"如有可能，还需要更多的监狱呢！"

拿破仑·希尔接着说："你们说了各种不能废除的理由。现在，我们来试着相信可以废除监狱。假设可以废除，我们该如何着手。"

大家沉静了一会儿，才有人犹豫地说："成立更多的青年活动中心可以减少犯罪事件。"

不久，这群在 10 分钟以前还坚持反对意见的人，开始热情地参与讨论。

"要清除贫穷，大部分的犯罪都起源于低收入阶层。"

"要能辨认、疏导有犯罪倾向的人。"

"借手术方法来治疗某些罪犯。"

总共提出了 18 种构想。

这个实验的重点是：当你相信某一件事不可能做到时，你的大脑就会为你准备出种种做不到的理由。但是，当你相信——真正地相信——某一件事确实可以做到，你的大脑就会帮你找出做得到的各种方法。

美国实业家罗宾·维勒的成功秘诀是："永远做一个不向现实妥协的叛逆者"。罗宾·维勒的言行一致，在他的领导下，使无数个不可能成为可能。

当全美短帮皮靴成为一种流行时尚的时候，几乎每个从事皮靴业的厂家都趋之若鹜地抢着制造短帮皮靴，供应各个百货商店。他们认为赶着大潮流走要省力得多。罗宾当时经营着一家小规模皮鞋工场，只有十几个雇工。他深知自己的工场规模小，要挣到大笔的钱诚非易事，自己薄弱的资本、微小的规模根本不足以和强大的同行相抗衡。

怎样改变这种胶着的局面呢？罗宾面前摆着两条路：第一条路是在皮鞋的用料上着眼。就是尽量提高鞋料成本，使自己工场的皮鞋在质量上胜人一筹。然而，这条道路在白热化的市场竞争中行走起来是很困难的，因为自己的产品本来就比别人少得多，成本自然就比别人高了，如果再提高成本，那么获利有减无增。显然，这条路不可取。

第二条路是在皮鞋款式上下功夫。罗宾队为这个方法不失妥当，只要自己能够翻出新花样、新款式，不断变换、创新，招数占人之先就可以打开一条出路。 如果能设计出新款式，为顾客所钟爱，那么利润就会接踵而至。 经过一番深思熟虑，罗宾决定走第二条道路。

随后，他立即召集工场的十几个工人开了个皮鞋款式改革会议，并要求他们各尽所能地设计新款式鞋样。 为了激发工人的创新积极性，罗宾设定了一个奖励办法：凡是所设计的新款鞋样被采用的设计者，可立即获得1000美元的奖金；所设计的鞋样通过改良可以被采用，设计者可获500美元奖金；即使所设计的鞋样不能被采用，只要设计得别出心裁，均可获100美元奖金。 同时，他设立了一个设计委员会，由五名熟练的造鞋工人任委员，每个委员每月可例外支取100美元。

罗宾的一系列举措马上见效，这家袖珍皮鞋工场里掀起了一股皮鞋新款式设计热潮。 不到一个月，设计委员会就收到40多种草样，采用了其中3种款式较别致的鞋样。 当然，这3名设计者也得到了应得的奖金。

罗宾的皮鞋工场就根据这3个新款式来试行生产。 第一次出品是每种新款式制皮鞋1000双，被立即送往各大城市推销。 顾客见到这些款式新颖的皮鞋，立即掀起了购买热潮。两星期后，罗宾的皮鞋工场收到2700多份数量庞大的订单。这使得罗宾终日忙于出入于各大百货公司经理室大门，跟他们签订合约。 因为订货的公司多了，罗宾的皮鞋工场逐渐扩大起来。 三年之后，他已经拥有18家规模庞大的皮鞋工场了。

不久危机就出现了。 当皮鞋工场一多起来，做皮鞋的技工便供不应求。 最令罗宾头疼的情形是别的皮鞋工场尽可能地把工资提高挽留工人，即便罗宾出重资也难以把其他工场的工人拉出来。缺乏工人对罗宾来说是一道致命的难关，因为他接到了不少订单，若无法给买主及时供货，就意味着他得赔偿巨额的违约损失。

罗宾为此煞费脑筋。他召集 18 家皮鞋工场的工人召开了一次会议。他始终相信，集思广益可以解决一切棘手的问题。罗宾把没有工人可雇用的难题诉诸大家，要求大家各尽其力地寻找解决途径，并且重申那个奖励办法。会场一片沉默，与会者都陷入思考之中，搜肠刮肚想办法。

过了一会儿，有一个小工举手请求发言。罗宾嘉许之后，他站起来怯生生地说：罗宾先生，我以为雇不到工人无关紧要，我们可用机器来制造皮鞋。罗宾还来不及表示意见，就有人嘲笑那个小工："孩子，用什么机器来造鞋呀？你是不是可以造一种这样的机器呢？"那小工窘得满面通红，惴惴不安地坐了回去。

这时罗宾却走到了他的身旁，然后挽着他的手把他拉到了主席台上，朗声宣布："诸位，这孩子没有说错，虽然他还没有造出一种造皮鞋的机器，但他的这个办法却很重要，大有用处，只要我们围绕这个概念想办法，问题定会迎刃而解。"

"我们永远不能安于现状，思维不要局限于一定的桎梏中，这才是我们永远能够不断创新的动力。现在，我宣告这个孩子可获得 500 美元的奖金。"

经过四个多月的研究和实验，罗宾的皮鞋工场被机器取而代之了。

最终，罗宾·维勒成为美国的一大商业奇才。他的成功告诉我们，商海茫茫，只有那些相信自己，并使不可能成为可能的人才能抵达胜利的彼岸。

失败一定有原因，成功一定有方法。 让我们调整好自己的注意焦点，把"不可能"这个消极的字眼从我们的"个人词典"或"企业词典"中永远删去。 因为即使真的遇到难题，我们至少还可以说：不是不可能，只是暂时还没有找到方法。